JN056188

途上国農業開発論

板垣 啓四郎

筑波書房

はしがき

　開発途上国は、文字通り経済発展の途上にある国であり、特に1人あたり所得水準が低い後発の途上国では、農業部門が就業者比率やGDP比率でみて高い諸国がほとんどである。

　農業の成長を基礎に食料の増産と農村貧困の削減を成し遂げ、飢えのない国づくりに励むことは、こうした諸国が直面しているきわめて切実な課題である。

　さて、本書が対象とするのは、途上国で農業主体の大部分を占める小規模農家あるいは家族農業である。途上国のなかでも特にサハラ以南アフリカならびに南アジアでは、栄養不足人口の増加と貧困の累積が深刻であるが、それはまさしく小規模農家なり家族農業が直面している問題でもある。これら農家の食料を増産させ貧困を削減していくことは、グローバルレベルの視点から喫緊の課題である。このために、環境の保全に配慮しつつ農地や水、土壌などの資源を効率的に利用して収量の向上を目指す技術や農法の開発を進めその技術を農家へ普及していくこと、また農産物の市場販売を進めるためにフードバリューチェーンの流れに沿った農産物の品質向上と輸送や貯蔵などのインフラ整備でその付加価値を高め収入の増加を図っていくことが、何よりも求められるのである。その一方で、気候変動による災害、紛争、人と家畜に関わる感染症の拡大など外部環境の変化に対して柔軟に対応していくレジリエンスの強化が必要である。収量の向上、農産物の販売、さらにレジリエンスの強化のためには、農業者の能力向上がキー・ポイントであり、彼らを動機づけ、能力を向上させるアプローチが考え出されなければならない。農業開発の主役はあくまでも小規模農家であり、彼ら自身が自らの食料増産と貧困削減のために計画を立て、技術や知識を習得して実行に移し、その成果を自ら評価できるようにしなければならない。いわゆる農家の自立化であるが、一方でそれを促す周辺のさまざまな支援や協力が不可欠である。

こうしたことを問題意識として念頭に入れつつ、途上国の小規模農家が食料増産と貧困削減を果たしていくためにはどのような点を考慮に入れるべきか、またわが国をはじめとするドナー国の国際農業協力はいかにあるべきかを考えるための一助となることを願ってまとめたのが本書である。

　この目的を達成するために、本書は、目次順に、途上国の食料問題と農業問題（第1章）、開発主体としての家族農業（第2章）、環境配慮と農業開発（第3章）、農業普及と農業開発（第4章）、農業の商業化と生計戦略（第5章）、レジリエンスの強化と農業開発（第6章）、人材育成と農業開発（第7章）、フードバリューチェーンと農業の発展（第8章）、農業開発協力事業のフロンティア―ミャンマー・薬草プロジェクトを事例として―（第9章）、わが国戦後農政の経験から学ぶ途上国農業開発への示唆（第10章）、でもって構成される。

　本書は、サハラ以南アフリカおよび南アジアの小規模農家を考察の対象においたものであるが、第8章の「フードバリューチェーンと農業の発展」ではベトナムを、また第9章の「農業開発協力事業のフロンティア」ではミャンマーを、それぞれ事例においた。これは、筆者が過去に関わった活動によるところが大きい。ベトナムについては農林水産省ならびに国際協力機構（JICA）がそれぞれに主催したフードバリューチェーンに関する各種の委員会、研究会や現地調査、またミャンマーについては（公益財団法人）日本財団が自主事業として続けてきた薬草プロジェクトに関わった経験を踏まえたものである。また第10章の「わが国戦後農政の経験から学ぶ途上国農業開発への示唆」は、長年にわたり筆者が関わってきたJICA途上国研修員向け国内研修事業の指導経験から引き出してまとめた。これらの内容もまた、サハラ以南アフリカや南アジアの農業開発に十分裨益するものである。

　本書は、筆者が東京農業大学に在職していたときの着想や論述、途上国農村への数々の調査体験などがベースとなっているが、同大学を定年退職後に移籍した日本財団をはじめ、（一般財団法人）ササカワアフリカ財団および（国立研究開発法人）国際農林水産業研究センターのスタッフとアフリカ農業開

発プロジェクトをめぐる案件形成の過程で多面的に議論したことがおおいに役立っている。貴重な示唆をいただいた方々に、この紙面を借りて感謝申し上げる次第である。

　この度、自らの浅学菲才を顧みず『途上国農業開発論』と銘打った野心的な書名で出版させていただいたが、まだまだ不十分な内容であり、それぞれの論点の掘り下げ方が浅いことは百も承知のうえで、あえて公刊することに踏み切った。その大きな理由の一つは、テーマがSDGsに掲げてある開発目標の中心的な課題に据えられていること、もう一つは読者から本書に対するご意見やご叱正をいただきながら多くの方々にこのテーマに対する関心を深く引き寄せていただきたいとの願いからである。

　とはいえ、途上国の食料増産と貧困削減という課題に立ち向かうのは、とてつもなくむずかしい挑戦である。このグローバル課題は、途上国農業・農村を取り巻く自然環境、資源、人口動態、政治、経済、社会、国際関係などと分かちがたく結びついており、こうした外部環境の変化が農業開発の枠組みと方向を大きく規定している。食料増産と貧困削減は、農業および農村の内部に視野を留めたロジックだけで論じ切れるものではなく、その解決にあたっては文字通り学際的なアプローチを必要とする。本書がそのためのささやかな話題を読者に提供できるのであれば、望外の幸せである。

　なお、本書では、開発途上国をたんに途上国として表現した。他意はないが、こうした簡略化する表現はごく一般的であり、ほとんど抵抗はないものと考えられる。

　本書を刊行するにあたっては、多くの方々のお世話になった。とりわけ出版業務が繁多のなか、相談にのっていただいた筑波書房の鶴見治彦社長には、深く感謝申し上げる。

　令和4年9月

　　　　　　　　　　　　　　　　　　　　　　　　板垣啓四郎

目　次

第1章　途上国の食料問題と農業問題

1．はじめに

　世界には多くの栄養不足人口を抱え、その大半が途上国とくにサハラ以南アフリカ地域と南アジア地域の農村部および農村から他出して都市へ移り住んだ者に集中している。栄養不足は、とりわけ女性と子供に大きな影響を及ぼしている。栄養が不足すると身体の成長や健康の維持を困難なものとし、また疾病の防止と治癒に大きな支障をきたす。結果として乳幼児死亡率を高め、平均寿命を短いものにしている。

　その根底には貧困が存在している。農地などの資源が限られ、技術や農業投入財、資金へのアクセスに乏しく低生産性で生産量が限られ、農産物の販路がほとんどなくその価格が低ければ、農家が食料を自己調達し、農業所得を増加させ、また不足する場合に必要な食料を購入することができない。これに気候変動によって洪水や干ばつが起こり、新型コロナウイルス（以下、COVID-19）パンデミックのような感染症とか家畜伝染病が蔓延すれば、収量や収入は大幅に減少する。不安定で少ない収入を補うために農家世帯員の一部が都市などに他出して農業外で就業しようにも、教育が不十分で何らかの技術なり技能を持ち合わせていなければ就業の機会に乏しく、またたとえ就業の場を見出せたとしても賃金の水準は低い。したがって、貧困から抜け出さないかぎりは、栄養、身体の成長、健康などの問題が持続し、就業・就学機会へのアクセスが進まない。貧困を解消し食料を安定的に入手していくためには、農業の生産性向上と農産物の販路拡大および農業外での就業機会

の確保が必要となる。

　農業生産性を向上させるためには、農地など資源の有効利用、技術の導入、農業投入財購入のアクセス改善、融資、普及、研修・教育などに関わる制度の構築と改善、農村コミュニティをベースとした土地、労働および資本財などの利用調整や資源管理等のための組織形成など、多様な諸要素を農家や地域を取り巻く環境や諸条件に適合させながら組み合わせていく必要がある。そしてこうした複雑な工程は、農家の主体的な意思決定と計画・活動のもとに政策の支援や民間セクターからのサポート、国際協力を得ながら進めていかなければならない。また販路拡大のためには、輸送、貯蔵、加工、市場情報の入手など、農家のレベルを超えた組織的な対応が必要になってくる。農業外での就業機会は、マクロの経済状況に大きく左右されるであろう。

　また、栄養の問題を解決していくためには、食料／農産物の安定確保だけでなく、生物学的栄養強化作物の導入、収穫後の農産物ロスの削減、主要栄養素と微量栄養素のバランスが取れた食事の摂取、世帯員間の均衡がとれた食料の分配、脱栄養価を防ぐ調理法の改良など、多くの手段を組み合わせて講じられなければならない。

　いずれにせよ、栄養不足と農村貧困の解消は、途上国において最も優先的に取り組んでいくべき重要な課題であり、そのためには小規模農家を対象にした農業生産力の強化と農産物の流通および販売市場の整備が不可欠である。しかしながら、そこには容易には解決できない種々の制約と問題が内包されている。

　本章では、途上国における食料問題と農業問題の所在を明らかにするなかで、これらの問題を解決するにあたっての課題と条件を整理し、取り組むべき方向を示唆することを目的とする。

　本章の構成は以下の通りである。2．では、食料問題と農業問題の所在と諸相を明らかにし、そのつながりについて論じる。3．では、問題を解決するにあたっての課題と条件を整理する。4．では、全体を総括するとともに取り組むべき方向を示唆する。

2．食料問題と農業問題の所在と諸相

（1）食料問題

　食料問題とは、文字通り生命を維持しつつ健康で充実した食生活を送ることができない状態にあることを意味するが、それを端的に表す指標として使われるのが栄養不足人口[1]である。国連の報告書[2]によれば、2021年でその数は 8 億2,800万人に上り世界人口の11.7％を占め、2019年よりも 1 億5,000万人増加している。栄養不足人口の定義にもよるが、これを重度から中程度まで拡大すれば、その数はおよそ23億人で世界人口の29.2％、COVID-19パンデミック以前に比べて 3 億5,000万人も増加している。23億人のうち男性は27.6％、女性は31.9％を占めている。さらに 5 歳未満の子どものうち 1 億4,900万人が必須栄養素の慢性的な不足により身体の成長や発達が阻害され、またそのうちの4,500万人が栄養失調の最悪レベルである消耗症に陥っている。安全で、栄養に富み、十分な量の食料にアクセスできない人々はおよそ31億人に達している。同報告書の統計データによれば、栄養不足人口の地域別不均衡は依然として大きく、2019－2021年平均でサハラ以南アフリカ地域では域内人口の21.7％、中央・南アジア地域では14.9％、ラテンアメリカ・カリブ海地域では7.8％となっている。

　栄養不足人口と貧困は切り離せない関係にあるが、世界銀行によれば、極貧とされる一日あたり1.9ドル以下で暮らしている数は6.9億人とされている。COVID-19パンデミックにより2020年には 1 億人がこれに加わったと推計されている。極貧層は次第にサハラ以南アフリカ地域に集中してきており、同地域の人口の40％を占めている[3]。貧困を貨幣単位だけでなく、保健、教育、所得といった人間開発指数の諸要素に関して世帯レベルで複数の形態の貧困がどの程度重なり合っているのかを表す多次元貧困指標を用いれば、2019年で世界人口のうち13億人が多次元貧困層に属し、このうちの84.3％がサハラ以南アフリカ地域と南アジア地域に暮らしていると推計されてい

る[3][4]。しかも極貧層および多次元貧困層の大部分は農村に居住していることから[5]、サハラ以南アフリカ地域と南アジア地域を中心とした途上国の農村に栄養不足人口が集中していることは明らかである。その影響を最も厳しく受けているのが女性や子どもであり、文字通り人間の尊厳性に関わる由々しき問題である。

　過去10年ぐらいの間に減少傾向にあった栄養不足人口が最近増加に転じた重要な背景には、まぎれもなくCOVID-19パンデミックの影響がある。これによってフードサプライチェーンが分断されて農産物の輸送や流通が遅滞し、その貯蔵や加工も不十分で、農産物の市場による需給調整機能が不全となり、その滞留や不達が価格の上昇を引き起こした。一方、農産物を生産する側では、高価な種子、肥料、農薬などの投入財をタイムリーに入手できないあるいは購入できずに農作物の栽培が行き詰まり、収穫物の販路も閉ざされた。

　農産物の生産者でありまた消費者でもある農家はその自己調達が困難となり、この間に食料の絶対的な不足に直面した。またマクロ経済の不振と後退は、多様な就業の機会を失わせ、収入を得る手段が大きく制限された。

　このように、農業生産の低迷と農産物の販路制限および多様な就業機会の喪失による収入の減少が、主として貧困な農村・農家世帯における栄養不足人口を増加させたといえる。食料が不足する事態に直面すれば、貧困な農家世帯では食事の回数を減らすか、食事ごとの量と質を減少ないしは低下させていくほかない。それによって栄養不足人口がさらに増加するか、もしくは栄養状態が悪化して死亡率と重い症状の疾病率を高める結果を招くことになる。人口の増加がこの状況をより一層悪化させる。

　こうした苦境を一時的でも緩和していくためには、食料余剰国やWFP（世界食糧計画）などの国際機関から食料を援助してもらうことが必要である。しかしながら、国内で紛争が起こり長期化するといった政治的不安が存在すれば、必要な地域や世帯に援助食料が行き届かない現実があり、またロシアのウクライナへの侵攻により食料余剰国である両国からの支援が滞れば、援助自体も流動化する。食料問題に対応していくためには、基本的に農家自ら

が農業生産力を強化していくほかないといえよう。

（2）農業問題

　農業の発展に基づく農産物の増産が、途上国における栄養不足人口の減少、言い換えれば食料安定の確保と貧困削減のキーとなることはいうまでもないが、フードサプライチェーンの分断、気候変動による洪水や干ばつ、森林火災などの頻発、病虫害の蔓延などにより、農業生産は先の見通せない状況が続いている。加えて、ロシアによるウクライナ侵攻を背景としたエネルギーおよび肥料の価格高騰は、農業資機材の価格と輸送コストを高める結果を招いており、これらに対する支払い能力が乏しい後発途上国の農家には大きな負担を余儀なくされている。

　こうした諸要因が農業生産にどのような影響を及ぼしているのか、また農業生産は今後どのように見通されるのかといった研究は、さまざまな機関や大学などで進められている。そのなかに、世界銀行がサハラ以南アフリカ地域の5ヵ国（ブルキナファソ・エチオピア・マラウイ・ナイジェリア・ウガンダ）を対象に、現地政府と共同して連続的に電話回線を通じて実施したCOVID-19パンデミックによる社会・経済への影響調査がある[6]。それによれば、パンデミック発生前と比較して都市から農村へ多くの人々が流入したことで農家数が増加し、農家の所得（農業・農業外就業からの収入および送金などの合計）が減少したことが明らかになった。ただし、ロックダウン解除後はこの状況がいくらか緩和されていった。同じく世界銀行がリリースした別の報告によれば[7]、2022年に小麦、トウモロコシおよびコメの国内価格が大幅に高騰し、その上昇幅は低所得国ほど大きく二桁台に及ぶほどであった。この主要な理由の一つは、これら穀物を輸入する国際価格の高騰に加えて、国内では気候変動による作物生産量の減少および農産物の生産と貯蔵のそれぞれの段階でのロスに基づく市場供給量の減少によるものであり、価格の上昇は今後とも持続するものとされている。農家の所得減少とこれら穀物価格の上昇は、結局のところ農業生産の低迷に行きつくといえる。

5

表 1-1 作物生産の成長率

	1969-99	1979-99	1989-99	1997/99 -2015	2015-30	1997/99 -2030
	%					
すべての開発途上国	3.1	3.1	3.2	1.7	1.4	1.6
中国を除く	2.7	2.7	2.5	2	1.6	1.8
中国とインドを除く	2.7	2.6	2.5	2	1.7	1.9
サハラ以南アフリカ	2.3	3.3	3.3	2.6	2.5	2.5
中東/北アフリカ	2.9	2.9	2.6	1.8	1.5	1.6
ラテンアメリカおよびカリブ海諸国	2.6	2.3	2.6	1.8	1.6	1.7
南アジア	2.8	3	2.4	2.1	1.5	1.8
東アジア	3.6	3.5	3.7	1.3	1.1	1.2
工業化諸国	1.4	1.1	1.6	0.9	0.9	0.9
体制移行国	− 0.6	− 1.6	− 3.7	0.7	0.7	0.7
世界	2.1	2	2.1	1.5	1.3	1.4

出所：FAO: World agriculture: Towards 2015/2030 An FAO Pepspective

　それでは、途上国における作物生産の成長率は、過去どのようなトレンド
にあり、今後どのように推移していくものと予測されるのであろうか。
　表1-1は、作物生産の成長率を1969年以降10年ないしはそれ以上の期間ご
とに区分して示したFAOのデータである。これによれば、世界および「す
べての開発途上国」において期間を追うごとに成長率が減速してきており、
2030年まで先延ばししても減速傾向は変わらないことがわかる。サハラ以南
アフリカ地域では、成長率が1989‐99年の3.3％から2015-30年には2.5％へ低
下すると予測されている。その値は2015-30年の「すべての開発途上国」1.4
％よりは高いが、これはほかの途上国の地域に比較して基準となるもともと
の作物生産量が少ないためである。ちなみにFAOSTATにより1人あたり
農業生産指数（2014-16=100）をみると2018-20年では100.67であり、この間
だけでもほとんど伸びていない。南アジア地域では作物生産の成長率は
2015-30年で1.5％と予測されており、1989-99年の2.4％と比較して大きく低下
するものと見込まれている。
　表1-2は、作物生産の成長寄与率を源泉別に示したものである。1961-99年
と1997/99-2030年の間で、収穫面積の拡大（耕地面積の拡大＋作物集約度の

表 1-2　作物生産の源泉別成長寄与率（%）

	耕作面積の拡大 (1)		作物集約度の増加 (2)		収穫面積の拡大 (1+2)		収量の増加	
	1961-1999	1997/99-2030	1961-1999	1997/99-2030	1961-1999	1997/99-2030	1961-1999	1997/99-2030
すべての開発途上国	23	21	6	12	29	33	71	67
中国を除く	23	24	13	13	36	37	64	63
中国とインドを除く	29	28	16	16	45	44	55	56
サハラ以南アフリカ	35	27	31	12	66	39	34	61
近東/北アフリカ	14	13	14	19	28	32	72	68
ラテンアメリカおよびカリブ海諸国	46	33	−1	21	45	54	55	46
南アジア	6	6	14	13	20	19	80	81
東アジア	26	5	−5	14	21	19	79	81
世界	15		7		22		78	
すべての開発途上国								
作物栽培－天水		25		11		36		64
作物栽培－灌漑		28		15		43		57

出所：表 1-1 と同じ

増加）と収量の増加を比較した場合、この間に「すべての開発途上国」にお
いて収穫面積の拡大の寄与率が大きいが、これはその寄与率がラテンアメリ
カおよびカリブ海諸国において大きいからであり、収量の増加は寄与率とし
て小さくはなるものの絶対値としては67％と依然大きい。サハラ以南アフリ
カ地域では、1961-99年に収穫面積の拡大の寄与率が66％であったものが
1997/99-2030年には収量の増加の寄与率が61％になるものと見込まれている。
サハラ以南アフリカ地域の場合、耕地面積を拡大する余地が次第に小さくな
り、また灌漑施設が整っていないために作物集約度の増加もそれほど見込ま
れず、結果として作物生産の成長率を収量の増加によって実現する方向へ転
換しているといえる。南アジア地域では、収穫面積を拡大する余地がなく、
作物生産の成長は今後とも収量の増加によって実現するほかない。
　中長期的にみれば、今後とも途上国ではサハラ以南アフリカ地域や南アジ
ア地域を中心として、膨大な数の栄養不足人口を抱えながらも人口は増加を
続け、低所得国を含め経済発展の過程で 1 人あたり平均所得が向上していく
のに伴い栄養に富む付加価値の高い品目に対する食料のニーズが高まり、食
料需要は全体として大きく増加していくことが予想される。この需要増加を、

既存の耕地で収量を上げる努力を続けることにより対応していかなければならない。

　しかしながら、収量を上げるために限られた農地や水、土壌などの生産資源を過度に集約的に利用することでその持続的な管理が損なわれれば、これら資源は遅かれ早かれ劣化し、また森林資源の減少と水資源の枯渇により生物多様性は大きく損なわれるであろう。また気候変動に伴う干ばつや洪水、森林火災などが繰り返されれば、環境の荒廃と資源の劣化はより一層深刻な問題となっていく。したがって、解決すべき中心的な課題は、環境の保全と資源の効率的かつ持続的な利用に配慮しつつ収量を引き上げるための技術と農法の開発ならびにその農家レベルへの普及、フードサプライチェーンの機能強化による農業投入財、農産物の適切なデリバリーと消費者レベルでの食料／農産物の安定確保である。これに加えて、灌漑など農業インフラの整備に向けた農業投資、需要の動向に対応した市場志向型作物の選択と拡大、栄養改善のために生物学的栄養強化作物の導入が望まれるのである。

3．課題の解決策とその条件

（1）環境保全に配慮した技術の開発

　環境の保全に配慮しつつ資源の効率的・持続的な利用を目指した技術開発による収量の向上という課題に取り組んでいくためには、農家が有する在来技術と経験的知識に基づく総合的（holistic）な農法に、科学に裏づけられた新しい知見や技術をどのように組み込ませていくかに大きく関わっている。総合的な農法には、保全農業、アグロエコロジー、アグロフォレストリー、気候変動対応型農業（climate-smart agriculture）などが挙げられるが、地域の置かれている環境生態的条件により異なってくるものの、これらの農法をもってしてだけでは容易に収量の向上には結びつかない。特にサハラ以南アフリカ地域のように、風化した酸性土壌で必須栄養素や有機物が不足しているところでは、土壌に有機物の投入とともに、農地の最小耕起、被覆作物

の導入、輪作／間作などの保全農業技術に加え、改良遺伝資源（品種）、無機／有機肥料、農薬／生物学的害虫防除、農家の知見等を組み合わせた総合的土壌肥沃度管理（Integrated Soil Fertility Management; ISFM）が必要とされている [8]。国際肥料産業協会によれば、アフリカ小規模農家のhaあたり化学肥料の平均投入量は12kgに過ぎず、サハラ以南アフリカ地域の化学肥料消費量は全世界のわずか２％でしかないといわれている [9]。同地域では、化学肥料投入量の過少が収量を低めている主要な要因の一つになっている。その一方で、ISFMの技術を用いれば、窒素化学肥料の少ない量の追加投入でも、有機物と無機物の相乗効果により収量が向上し、また窒素酸化物の大気中への排出が抑えられるという研究報告もある [10]。

　要するに、新たなイノベーションにより、環境生態的条件とその変化に柔軟に応じながらまた土壌の健全性維持に配慮しつつ、高収量品種や耐乾・耐病虫害性品種の導入、化学肥料と有機肥料および化学合成農薬と生物学的害虫防除の最適な組み合わせ、土壌流出を防止するための圃場管理や適切な灌水利用と栽培管理などをきめ細かく実施していくことが求められるのである。

　しかしながら、農地の制約、干ばつによる水資源の不足、肥料価格の高騰など生産資源や農業投入財の希少化を考慮に入れれば、その効率的で持続可能な利用の仕方を考えていかなければならない。例えば、携帯型のデジタル機器やリモートセンシングを使って土壌中の炭素やその他の養分の濃度を測定し、また人工知能システムやドローンを使って、用水、施肥、害虫駆除が必要な場所を特定して必要量を投入すること、さらには土壌微生物を活用することで土壌の物理的・化学的構造を改変し、土壌中の炭素貯蔵量を増加させつつ収穫量を増やしていくといった革新技術をスケールアップし、農家レベルにその技術や情報を普及し伝達していく仕組みを構築することが必要である [11]。

　こうした環境の保全、資源の効率的利用に配慮しつつ収量の向上を目指す技術や農法の開発とそのスケールアップは、農家の現場を見据えた課題の整理を前提に農学や環境生態学に関わる専門分野の学際的融合によって進めて

いかなければならない。また開発した技術の普及は、農家の適用可能性を見極めながら、農家の視点とニーズの文脈に沿って組み直していく必要がある。

（2）農業普及のデジタル化

　小規模農家は広域に分散していることから、農業普及員の移動に大きな経費と時間のコストを要し、また農業普及員の人数とその能力の不足および予算の制約により、技術の普及は農業開発上きわめて重要な任務であるにもかかわらず、非効率的でなかなか成果が発現しづらいとされてきた。COVID-19パンデミックによる移動制限で、農業普及員と農家の間で対面による普及活動はますます難しくなった。農家はまた、雇用労働力の調達、農業投入財の入手、農産物の販売、融資サービスのアクセスなどにおいても困難に直面した。

　こうした問題を解決すべく、従来の対面型普及に加えて遠隔操作により農家へ技術を普及また農業投入財の入手や農産物の販売を可能にし、必要な営農知識や市場情報などを伝達する仕組みであるe-Extensionが浸透しつつある。Global Forum for Rural Advisory Services（GFRAS）は、農業普及員向けのe-Extensionガイドラインを提示している[12]。これによるとe-Extensionが有する機能とは、（1）農業情報の創出・保存・発信・管理、（2）農家が行動を起こすための情報の伝達と動機づけの喚起、（3）農家への技術移転と研修・教育の実施、（4）農家の技能と経営能力および自らアイデアを引き出す能力の育成、ならびに（5）農業・農村開発に関わるステークホルダー間の連携、としている。このことは、まさしく農業普及の活動そのものであり、この活動をスマートフォンやタブレットによるビデオチャットでの意見交換、画像や動画の送受信、Webミーティング、ウェビナーによるディスカッションやテキストの配信などを、多様なオンラインツールを使って実施しようとするものである。また農業普及員は、農家の現状把握をオンライン調査で行うことも可能となる。これによって担当する管内の各農家の営農に関するさまざまな情報を集めてデータベース化し、普及事業の計

画・立案、実施、評価に役立てることができる。ともかくも、e-Extension
によって農業普及員と農家の間に存在する情報の非対称性は解消され、技術
普及は時間的かつ空間的に両者が同時性を共有することが期待されるのであ
る。

　農業普及のデジタル化に並行してあるいはその動きの以前から、農業普及
活動の主体なりシステムは多元化していった。活動は公的立場としての農業
普及員だけでなくICT系ベンチャー企業などの民間セクターや国内外の
NGOなどによっても担われている。例えば、サハラ以南アフリカでICTを使
った農業ビジネスを手がけている日本人起業家は、小規模農家を組織化して
各農家の情報をデータベース化し、オンラインで各農家をつないで生産資機
材購入のための資金を貸与、センシング技術の導入によるスマート農業で営
農指導を行い、各農家から収穫物を買い取って高品質の農産物を有望な市場
に販売し、その売り上げの中から各農家に貸し付けた資金を農家から返済し
てもらうといった事業を展開している[13]。文字通りわが国の農協が展開し
ているような事業をオンラインにより実施しているのである。もう一つの事
例として、（一財）ササカワ・アフリカ財団の取り組みを取り上げよう。同
財団はウガンダにおいてかつて構造調整政策の一環で大幅に削減された農業
普及員を補充するために、能力の高い農業者を村落ベースでのファシリテー
ターとして育成し営農指導に当たらせる一方、若手農業者を農業投入財と農
産物のディーラーとして育成するという新しい普及モデルを起ち上げた。
COVID-19パンデミックにより農家との直接対面指導ができないことを契機
に、ウガンダ国内のICT系ベンチャー企業が開発したスマートフォンアプリ
を使って活動を継続していった[14]。

　このように、農業普及にはさまざまなアクターが関与するところとなった。
しかも農業普及の多元化によって普及する側と普及を受ける側との双方向コ
ミュニケーションが円滑になり、また普及の内容もより多様化し深化してい
った。今後は、普及する側のアクターが互いに連携して普及事業を展開する
ネットワーキング化が進んでいくものと予想される。とはいえ農業普及のデ

ジタル化も、取り上げた事例は一部の先端的な取り組みに過ぎず、実際には後述するように種々の問題に直面している。

（3）フードサプライチェーンに連なる部門の連結

農業投入財の供給から、食料／農産物の生産、貯蔵、加工、輸送、流通、そして販売に連なるフードサプライチェーンは、COVID-19パンデミックの間に大きく分断された。フードサプライチェーンを構成するそれぞれの部門の連結が分断されたのは、特にロジスティックスの機能不全や情報の不達による部分が大きかったが、それによって人流や物流が途絶し、収穫物の生産農家での滞留や損耗あるいは市場までの輸送困難、さらにはそれに起因する市場価格の高騰といった深刻な問題を露呈させた。農家においては大きな所得ロスが生じる結果を招いた。

農産物の流通を円滑なものとし、農産物価格を安定させるためには、フードサプライチェーンの流れを回復し、部門の連結を高め、部門がもつそれぞれの機能を有機的に融合させていくことが重要であるが、フードサプライチェーンを一歩進めてフードバリューチェーンへ転換させていくことがより重要である。要するに、部門ごとに創意工夫を重ねて何らかの付加価値を産み出しそれを部門間で連鎖させて、フードサプライチェーンの総体としてのバリューを高めていくということである。農家のレベルでいえば、農産物をたんに生産し出荷するのでなく、農産物に何らかの付加価値を付与して次の部門へつなげていけば、所得が増加する機会が開けてくる。フードバリューチェーンに連なる加工、販売などほかの部門から具体的な付加価値のニーズが求められれば、それがシグナルとなって農家はそれに応じようと努めるであろう。その起点となるのは、農産物に付帯的なサービスが追加されたものを多少の価格上乗せがあったとしても進んで買い求めようとする最終消費者の購買行動の変化である。このサービスには、規格の統一や品揃えの良さ、使いやすさ、食味や栄養価など品質の高さ、鮮度など保存状態の維持や安全性の確保、損耗した商品の除去、欠品のないタイムリーな配送、商品選択のた

めの知識や情報の提供など、多様な要素が含まれる。経済の発展とともに都市部を中心として世帯あたりの所得水準が高まっていくことがこのことを可能にする。この期待に応えていくためには、農家が担当する生産部門とほかの部門との機能融合が欠かせない。また商品の価値が認められれば、国内だけでなく輸出向けにまで市場を広げていくことができようし、投資環境が整えば外国企業がフードサプライチェーンに参入し、その発展を促していくであろう。

　部門機能の融合を進めていくのはそれぞれの部門がもつ情報とその連結であり、ここでもオンラインを通じたデジタル化、いわゆるスマートフードチェーンの構築が重要なツールとなる。部門間で相互に情報の送り手と受け手となり、フードサプライチェーンの各段階で付加価値を付与した食料／農産物の取引が行われ、取引過程の透明性と情報の公開により公正な取引価格が形成、また取引費用も抑制されていく。

　フードサプライチェーンの部門連結が首尾よく進まない場合には、部門内でさまざまな資源の無駄遣いや機能に歪みが生じて、経済的パフォーマンスが低下していく。その最たる問題の一つがそれぞれの部門で生じる食料／農産物の損失や損耗である。COVID-19パンデミックがこの問題をさらに深化させたのはいうまでもない。

　FAOの資料[15]によれば、2016年において世界全体で生産された食料のうち13億トン（年間食料消費量の1/3）が損失ないしは損耗し、このうち6.3億トンは途上国で生じているとされている。また消費に供する食料の1人あたり年間生産量は、富裕国で900kg、最貧国で460kgであり、途上国ではそのうち食料の損失と損耗が農産物の収穫後と加工の段階で40%、また先進工業国では小売と消費の段階で40%生じている。アフリカでは、損失・損耗した食料で2億人を養うことができると試算されている。

　このことから、途上国では損失と損耗が食料／農産物の収穫、貯蔵、加工といったフードサプライチェーンの比較的早い段階で生じており、収穫後のロスを減少させるためにポストハーベスト技術の導入や農産物の貯蔵と加工

の施設整備、さらには梱包や輸送の改善が急がれる。損失と損耗を少しでも防止すれば、農家の所得向上につながるものと期待できる。また、農地、水、労働力、資金、エネルギーなど生産資源の使用を節減するとともに、温室効果ガスの排出抑制に寄与するであろう。

　以上、食料・農業問題に関わる課題の解決策を、環境保全に配慮し資源の効率的利用に適した技術の開発、農業普及のデジタル化およびフードサプライチェーンに連なる部門の連結に絞って述べてきたが、このほかにも検討しなければならない課題は山積している。例えば、災害などに対するレジリエンスの強化、農業経済と農村社会の変容に対応した農家グループの再編、食料の適正分配と学校給食プログラムの強化、さらには政府、国際機関、国内外のNGO、民間セクターの間の相互連携と協力などである。これら課題の解決に向けた対応策も、現状をよく見極めたうえで実現可能なアプローチを考えていくことが望まれる。

（4）課題解決への条件

　課題解決への条件にはいくつか考えられるが、重要な条件の一つとして農業およびそれに関係する者の能力向上が挙げられる。技術の開発とその普及に携わる者、そしてそれを受容し実際に適用する農業者の能力が伴わなければ、収量増加の実現はむずかしい。技術の開発と普及には、外部から指導者を招き入れたin-service trainingにより現地の研究者や農業普及員の能力を向上させつつ、汎用性の高い技術の開発とその効果的な普及方法を外部指導者とローカルスタッフが一体となって見出していくことが望ましい。ここでローカルスタッフは、そのために必要となる具体的な現地情報を提供する立場にある。農業普及員がデジタル技術のリテラシーを高めていくことも必要である。農業者にあってはデジタル技術のリテラシー向上を前提に農業普及員や民間セクター、NGOとの密接な連携によるコミュニケーションを通じて新しい技術や農法の指導を受けながら実際に圃場で試行し、その過程で技術を習得していくことになる。この場合には、農業普及員などの指導による

農家グループ研修が通常のアプローチであろう。このほかにも、加工や流通、金融、教育の分野に従事する者、さらには政府関係者など食料と農業に関わるあらゆるサポーターも、人材能力向上の主要な対象となる。

　また、インフラの整備も重要な条件である。これはハードとソフトの両面に区分される。ハードインフラは、灌漑・排水の施設、圃場整備、土地改良、道路、電力、エネルギーの確保、ICT環境の整備などといった農業の生産基盤に関わる部分と農産物の貯蔵、加工、輸送など流通基盤に関わる部分である。一方ソフトインフラは、ハードインフラの保守点検、森林や淡水など環境資源の維持管理のための利用者と住民の組織化、農産物の品目ごとの仕分けや分荷等の調整および適正な価格決定など市場のもつ諸機能の強化に向けたプラットフォームの形成、GAP登録や食品の安全性認証など制度の構築に関わるものである。こうしたインフラの整備には、民間セクターを巻き込んだ政府の立案・計画と実施ならびに国際協力が不可欠である。インフラの整備は、またフードサプライチェーンの部門間の有機的な連結を促すであろう。

　課題の解決に向けた条件として考慮に入れるべきもう一つの要素は、望ましい方向へ誘導していくために何らかのインセンティブを農家なりフードサプライチェーンに関係するアクターへ与えるということである。このインセンティブには種々のことが考えられるが、例えば、農家においては主体的な意欲を引き出す政策的な仕掛けが必要である。開発されたパッケージ技術の導入のために助成金を与える、パッケージ技術によって生産された農産物は高い価格で優先的に買い取る、農業のデジタル化を進めるために農業普及員と合わせて農家にスマートフォンとかタブレットといった端末と各種のアプリを取り扱いの説明とともに無償で配布する、災害に直面したときに復興支援プログラムを実施する、といったような内容である。インセンティブは政策手段を用いて農家を一定の方向へ誘導するうえで効果があるが、その反面大規模な財源を必要とし、また行政効率を高めるために農家を緊密な形で組織化しなければならず、その負担は決して小さくない。また、フードサプライチェーンに関係するアクターに対しては、それぞれの部門において工夫さ

れた実現可能な業務改善案の実現に助成金を出すことなどが考えられる。

4．おわりに

　サハラ以南アフリカ地域と南アジア地域を中心に栄養不足人口が増加し、しかもその大部分が農村部に居住し小規模な農業で生計を立てている人々に対して、収量を増加させ貧困を削減する方策により、食料を入手またそれに容易にアクセスできるようにすることがきわめて重要であることを指摘してきた。そのために、環境保全に配慮した技術の開発、農業普及のデジタル化、そしてフードサプライチェーンに連なる部門の連結を課題解決に向けた主要な方策として絞り込み、また課題解決の条件として、農業およびそれに関係する者の能力向上、ハードとソフトの両面にわたるインフラの整備、望ましい方向へ誘導していくためのインセンティブの供与を挙げた。もちろんこれらの方策や条件だけで途上国の食料問題と農業問題が解決の方向へ向かうわけではなく、ほかにも重要な項目を加えて論じていくべきであろう[16]。とはいえ、上述した点が解決策の主要な柱をなしていることにはそれほど異論はなかろう。

　ただし、課題解決に向けた方策およびその条件と現実との間には、時間的かつ空間的に大きな落差が存在することを考慮に入れなければならない。伝統的な保全農業に科学に裏づけられた新しい知見や技術を組み込んだ農法の開発とその実証試験により成果が現出するまでにはかなりの時間を要するであろうし、それをデジタル技術でもって農家レベルまで普及するにはさらに多くの時間を要するであろう。それ以前に、農家がe-Extensionに備えて端末を揃え、それを使いこなすだけのリテラシーを持つこと自体が容易でない。また空間的にも、ICT環境、道路などのインフラが整備され、比較的情報や市場へのアクセスがよい都市近郊の農村とそれらが乏しい遠隔の農村の間には、技術の普及と定着あるいはフードサプライチェーンへの関わり方に大きな格差が生まれるであろう。

　栄養不足人口の増加と技術革新による農産物の生産増加には、不可避的に
タイムラグが生じる。これに外部環境としての気候変動、感染症の拡大、紛
争、病虫害の発生などといった予測しがたい不安定要因が加わり、増加する
栄養不足人口には当面何らかの対応策を講じなければならない。世界の在庫
食料の無償配給など食料供給プログラムの実施、貧困農家への種子、肥料な
ど農業投入財の優先的な配分、生計維持の必要分を超えた食料／農産物の直
接買い取りなどの組み合わせがそうである。中長期的にはこれまで述べてき
た解決策の着実な積み重ねが、食料増産と貧困削減への筋道といえよう。
　いずれにせよ、この問題はグローバルに取り組んでいくなかで、実行に向
けた政府なり地域連合体の強い意志と姿勢が不可欠なのである。

注と参考文献
（1）FAOの定義によれば、栄養不足人口とは「健康と体重を維持し、軽度の活動
　　を行うために必要な栄養を十分に摂取できない人々」とされている。
（2）FAO, IFAD, UNICEF, WFP and WHO（2022）*The State of Food Security
　　and Nutrition in the World 2022*, 農業協同組合新聞「[国連報告書]世界の飢
　　餓人口　年4,600万人増え8億2,800万人　2021年」（2022.7.8）
（3）World Vision, Global Poverty: Facts, FAQs, and how to help, https://www.
　　worldvision.org/sponsorship-news-stories/global-poverty-facts（2022.8.21）
（4）FAOとオックスフォード貧困・人間開発イニシアチブ（OPHI, Oxford
　　Poverty and Human Development Initiative）は、グローバル多次元貧困指
　　標とは別に農村多次元貧困指標を共同で開発した。これは、農村における多
　　次元の貧困を、食料安全保障と栄養、教育、生活水準、農村生業と資源、リ
　　スクの5つの側面を捉える概念フレームワークをもとにした指標である。
　　FAO and OPHI（2022）Measuring Rural Poverty with a Multidimensional
　　Approach: The Rural Multidimensional Poverty Index. *FAO Statistical
　　Development Series,* No.19.
（5）途上国における極貧層の79%は農村に居住しているとされている（世界銀行2018年
　　のデータ）。David Suttie（2020）Overview: Rural Poverty in Developing
　　Countries: Issues, Policies and Challenges, *IFAD Investing in rural people,*
　　pp.1-7. また世界銀行が2016年に分析した結果によると、貧困な成人就業者の
　　65%は農業で生計を立てている。The World Bank, Agriculture and Food,
　　https://www.worldbank.org/en/topic/agriculture/overview（2022.8.23）
（6）Akuffo Amankwah, Sydney Gourlay, Albert Zezza（2021）Agriculture as a
　　buffer in COVID-19 crisis: Evidence from five Sub-Saharan African countries,

WORLD BANK BROGS, https://blogs.worldbank.org/opendata/agriculture-buffer-covid-19-crisis-evidence-five-sub-saharan-african-countries（2022.8.24）

（7）The World Bank, Food Security Update, https://www.worldbank.org/en/topic/agriculture/brief/food-security-update（2022.8.24）

（8）花井淳一（2022）：脱炭素時代のアフリカ農業開発、世界の農業農村開発、66号、（一財）日本水土総合研究所、pp.16-20.

（9）Busani Bafana（2016）Innovative use of fertilizers revives hope for Africa's Green Revolution, *Africa Renewal*, https://www.un.org/africarenewal/magazine/august-2016/innovative-use-fertilizers-revives-hope-africa%E2%80%99s-green-revolution（2022.8.28）

（10）B. Vanlauwe, and Others（2010）Integrated soil fertility management: Operational definition and consequences for implementation and dissemination, *Outlook on AGRICULTURE* Vol 39, No 1, 2010, pp.17-24. https://csa.guide/csa/integrated-soil-fertility-management-isfm（2022.8.31）

（11）Joachim von Braun, Kaosar Afsana, Louise O. Fresco & Mohamed Hassan（2021）Food systems: seven priorities to end hunger and protect the planet, *Nature* 597, pp.28-30.

（12）GFRAS, e-Extension for Extension Professionals, https://www.g-fras.org/en/component/phocadownload/category/70-new-extensionist-learning-kit-nelk.html?download=1011:nelk-e-extension-facilitator-s-guide（2022.8.28）

（13）アフリカでスマート農業を進める日本人起業家「小規模農家のDX」で貧困問題に歯止めをかける　https://project.nikkeibp.co.jp/mirakoto/atcl/mirai/h_vol94/（2022.8.29）

（14）田才諒哉（2022）：アフリカにおける小規模農家を対象とした農業普及のデジタル化—ラストテンマイルアプローチの提案、国際農林協力、45巻1号、（公社）国際農林業協働協会、pp.10-16.

（15）FAO（2016）SAVE FOOD: Global Initiative on Food Loss and Waste Reduction, Key facts on food loss and waste you should know!, https://twosides.info/includes/files/upload/files/UK/Myths_and_Facts_2016_Sources/18-19/Key_facts_on_food_loss_and_waste_you_should_know-FAO_2016.pdf（2022.8.31）

（16）本章では、具体的に諸国間とか国内の農家階層間の格差まで立ち入る論考ができなかったが、貧困層削減のための成長戦略（Pro-Poor Growth Strategy）に合わせた格差是正とそれに関係する食料・農業問題の解決に取り組んでいくことも、重要な課題の一つである。

第2章　開発主体としての家族農業

1．はじめに

　家族農業は、世界レベルでみて主要な農業の活動主体であり、農家数全体の9割を占めまた世界の食料生産の80％を担っている（FAO）。わが国でも96％が家族農業の経営体によって占められており（農林水産省、2020年）、先進国および途上国を問わず、家族農業が主流となっている。そもそも家族農業とは、FAOによれば、「家族ベースで行われるすべての農業活動であり、一世帯の家族により管理・運営がされ、農作業の大部分をその家族内の労働力に依存している農業、林業、水産、牧畜及び養殖に関する生産活動」と定義されている。

　耕地規模でみると、1ha未満の農家が農家数全体の73％、2ha未満まで広げても85％を占めるとされており、家族農業は小規模な耕地に家族労働力を多投するという、いわば家族労作経営である。耕地規模が大きく資本装備率が高い資本制農企業に比較すれば、労働生産性はかなり低いが、土地生産性は高くなる傾向がある。

　家族農業は食料生産だけでなく、生物多様性など環境の保全や自然資源の有効利用、農村コミュニティの維持などにおいて重要な役割を果たしている。しかしながら、途上国では家族を養うほどには十分食料を確保できず、市場は遠隔で慢性的な貧困のなかにあり、十分な教育を受けられず、家族の世帯員の一部は農業外の就業機会を求めて他出、さらには農業と生活を含め女性への労働負担が大きいというジェンダー・バイアスを抱えているのが現状で

ある。したがって、家族農業を支援していくことは、食料増産、貧困削減、人的能力の向上、ジェンダー・バイアスの是正、環境の保全と自然資源の有効利用、農村コミュニティの維持などにつながることを意味し、またSDGsが掲げる目標のいくつかに向けて取り組むことをも示唆している。国連が定めた「家族農業の10年」（2019-2028）もこの動きに密接に関係している。

家族農業の10年は、各国が家族農業に関わる施策を進めるとともにその経験を他の国と共有すること、FAOなどの国際機関が各国の活動計画の策定と展開を先導することを求めている[1]。「家族農業の10年」に沿う各国でのアクションプランとその取り組みおよび成果がおおいに期待されるところであるが、折しも新型コロナウイルスの感染拡大、国際情勢の不透明、地球規模の経済不況や気候変動などが重なり、具体的な計画と行動へと移行する状況になっているとは言い難い。こうしたことが背景となって、現状では食料需給の不安定や食料の流通と分配の遅れが深刻な問題となってきており、後発の途上国を中心に栄養不足人口が増加している[2]。そうした状況にもかかわらず、家族農業の重要性はいささかも後退することなく、それどころか家族農業に焦点をあてることでその現実から引き出される課題を整理し、課題の解決に向けた政策のあり方を模索することが、直面する状況の深刻さからいよいよ現実味を増してきている。家族農業の発展は、食料問題や貧困削減などグローバル・イシューとして取り組むべききわめて優先度の高い課題ということができよう。

本章では、途上国を念頭におきつつ家族農業の性格とその重要性についてあらためて整理するなかで、家族農業が直面する課題を明らかにし、また課題解決にあたっての政策のあり方について若干の見解を述べることにする。

2．家族農業の性格とその重要性

（1）家族農業の性格

家族農業とは、小規模な耕地に家族労働力を多投して食料を生産する活動

主体と前述したが、途上国の場合には家族を直系にとどめず傍系を含むより拡張した単位で捉えるのが通常である。サハラ以南アフリカ諸国にみられるように血縁集団のまとまりで家族ということもある。そこではこうした拡大家族の間で労働力を出し合って食料の生産を行い、その分配で生活を安定させるという機能が暗黙のうちに内在しているように見受けられる。

　家族農業は、その目標が家族を維持できるほどの食料の生産およびそのほかの生活に必要なモノとサービスの確保におかれているため、資本制農企業のように利潤を追求するという方向には向かわず、経営と生活が未分離となりやすい。また小規模かつ分散している耕地では労働力の吸収にも限界があり、余剰の労働力は所得を増加させるために農業外で就業する機会を絶えずうかがっている。いわゆる生計戦略として、農家が生活に必要な一定の所得を確保するために、世帯員のそれぞれが多様な就業機会を通じて収入源を多角化させる方向へ向かっている。

　市場経済が深く浸透していく過程で、家族農業が与えられた資源と新たに導入する開発技術および知識・情報でもって、資源の効率的な利用を通じ農業を集約化させて多様な作物を組み合わせ、さらには耕種と畜産、林業、水産業との結合により高度に複合的な経営へ進む場合もあれば、ある特定の作物生産に特化した商業的農業へ展開していくこともある。いずれの方向をたどるかは経営環境を見据えたうえでの農家の意思決定による。家族農業が経済発展にともないその性格を変容させていくのは、時間の経過を追ったこれまでの経験が示すとおりである。しかしながら、実際に貧困な途上国農村では、農家の大部分が生存水準に近いところで日々食料の確保と生活の維持を追い求めるといった限界的な家族農業の地位におかれているといってよい。

　また家族農業という小規模農家の集合体が農村コミュニティであり、そこには不遇な状態におかれている農家を救済するという相互扶助の力が働くであろうし、農家間の労働力の過不足を調整する機能もあろう。また何らかの形で、土地や水、森林などの自然資源を集落単位で共有化し必要に応じて利用する一方で、資源の管理と環境の保全が対価を払うことなく自発的に行わ

れている。

　家族農業が限界的な地位におかれているとすれば、気候変動や人畜共通感染症、病害虫の大規模な発生などといった外部環境の変化に柔軟に対応しうるレジリエンスを何らかの形で保持しているということも意味している。そうでなければ、災害が起こるたびに生存に必要な食料を失うことになりかねない。農家による生計戦略と農村コミュニティによる相互扶助が、そのための重要なセーフティネットとなっている。

（2）家族農業が見直される背景

　家族農業が見直される背景には、当然のことながら食料生産の主要な担い手が家族農業であり、貧困削減の主要な対象ということもあるが、別の見方としてグローバルにアグリビジネスを展開する多国籍企業が、大規模な農場で大型の機械と施設を備え、遺伝子組み換え種子、化学肥料および化学合成農薬などを大量に用いて経済効率的な食料生産を展開していること、これら農業資機材と穀物など食料の流通と販売においてその圧倒的な市場の支配力により需給を人為的に操作し国際価格を不当に設定していることなどが大きな懸念材料になっていることを遠景としている[3]。これにより、多国籍企業傘下の大規模な資本制農企業の農場では資源の収奪と環境の破壊が進む一方、多国籍アグリビジネス企業に農業資機材と不足する食料を依存する諸国では、企業に自国の農業と食料を支配されるという不安が高まってきた。要するに、市場原理に基づく規制緩和・自由貿易が家族農業そのものの存在を根底から揺るがしているという認識と危機意識が深まってきたのである。とりわけ途上国の家族農業にとって、多国籍企業の市場操作により購入する農業資機材が割高で販売する食料が割安となれば、交易条件が著しく不利となって収益が上がらず、貧困の罠から抜け出せないことになる。

　こうしたことから、経済効率を至上命題とする巨大な多国籍アグリビジネス企業や大規模な資本制農企業が食料の生産と流通を支配してしまえば、市場に歪みが生じて資源が最適な配分から大きく乖離してしまうこと、農業資

機材と食料の供給がこれら企業に偏在して貧困な家族農業の存立が損なわれるのではないかという由々しき問題が意識化されてきた。それと同時に、大規模な農場での遺伝子組み換え種子、化学肥料および化学合成農薬などの大量投入が広範な環境破壊をもたらすことも社会に警鐘を鳴らすところとなった。社会は、経済中心ではなく人間と調和する持続可能な暮らしを求める方向へと転換することが模索され、その文脈に沿うかぎりにおいて小規模な家族農業の価値が再評価されてきたといえるのである[4]。

（3）家族農業の価値と重要性

　家族農業は、自らが必要とする食料を確保し、余剰の農産物あるいは予め市場へ流通させる意図をもった農産物の販売によって生活に必要な所得を得ようとする。農業生産は農地や家族労働力などの生産資源を使い、高価な外部起源の農業投入財の使用は極力抑えて、環境にやさしく地域の特性に適した農法により、健康的かつ安全な農産物を生産する。家族労働力が生産の主体であることから、農業活動の重要な一端を担う女性への配慮や農業の後継を期待される若年者の支援も農家のなかで常に留意して進めていかなければならない。外部投入財への依存が小さいことで化石燃料の使用量が少なく、また農村の域内で食料が生産・消費されることから、域内の自給化が図られまた輸送や貯蔵のコストが削減される。農地、水および土壌などの資源と域内の森林および生物多様性についても、それらの性質や有効な活用方法あるいはその維持管理などは先人から引き継がれてきた暗黙知や形式知を通じて自ら知得している。こうして家族農業は家族労働力を主体に小規模な農地を働きかける対象として、環境の保全と資源の有効活用に配慮しつつ農業生産を行い、食料の安全保障を自らの力で確保している点に大きな価値が見出される。一方家族農業の集合体である農村コミュニティでは、地域レベルにおける環境と資源の保全と利用、伝統文化の継承、景観の維持、防災、前述した相互扶助によるインクルーシブな社会の創出がなされ、また安全な水の安定供給や衛生管理など生活の側面でも重要な役割を果たしている。

家族農業が有する価値についての再認識は、今後の途上国農業が目指す方向を明らかにするうえで有益であるが、そのことはまた、グローバルに行き過ぎて進展している大規模な資本制農企業や多国籍アグリビジネス企業と対置させて家族農業のもつ健全性を指摘するという意味においてもきわめて重要である。不足する食料や農業資機材の供給の面で資本制農企業の大規模化・ビジネス化・経済効率化の必要は認めつつも、そこから生じるネガティブなインパクトを抑制して食料供給システムのあり方を正常化させるために家族農業を見直し、その役割をあらためて確認しておくことはきわめて重要である。

（4）アグロエコロジーの視点による家族農業

　家族農業をアグロエコロジーの視点から捉えなおすことで、その特質がより鮮明なものとなる。

　アグロエコロジーとは文字通り「農業生態学」あるいは「生態農業」のことであり、動植物および人々と環境の調和的なバランスの関係を論究する生態学の概念を枠組みとしながら、それに適した農業の原則やあり方を適用させるというものである[5]。言い換えれば、環境生態にダメージを与えることなく自然資源のポテンシャルを最大限に引き出し利用しながら作物を栽培し農産物を生産していくというもので、農法としては、従来の持続可能なアプローチである作物栽培の複合化（混作、間作など）、輪作、不耕起栽培、カバークロップの導入、アグロフォレストリー、耕畜連携などとさほど異なることはない。アグロエコロジーにおいても、バイオマスや生物多様性を利用した土壌の改良とそれに基づく健全な作物の栽培が決め手であり、農家はバランスのとれた土壌栄養により収量を増加、また農産物販売のために公正な市場取引を前提として収入の増加を求める。先人たちが継承してきた地域の自然生態系に関する知識や経験に依拠した実践的な知恵は、健全なアグロエコロジーとエコシステムを築いていく上で基礎となるものである。

　アグロエコロジーが自然生態系と調和した持続可能な農法の取り組みにと

どまらない重要なポイントの一つは、アグロエコロジーが農業の大規模化・作物の単一化・農業資機材の多投入および経済効率を優先する工業的農業モデルからの脱却を目指す農村社会運動の柱となり、農家の自立と自治につながる「食料主権」の概念と結びつき、農家自身が主体的に発展モデルを選択するということである[6]。

　したがって、家族農業はアグロエコロジーの枠組みに沿って進めながら、地域に固有の生態的特性と社会システムを踏まえ、またそこから引き出される生態系諸サービスを最大限に利用できる最適な農業モデルを、農家自身の主体的な判断で作り出し選択していくことが望まれるのである。ここでいう社会システムとは、農村コミュニティを構成するそれぞれの農家が同質の社会にありながらも、個々の農家はアグロエコロジーに関わる微妙に異なった伝統的な知識や知恵をもっており、それを交換し共有できる体制の中におかれているということである。このことにより、選択可能なモデルが複数化しまた成功事例を農家間で水平に展開できるようになる。また農家の自立を促す食料主権の連帯が生まれるであろう。

3．課題と政策対応

（1）家族農業が抱える課題

　生計を家族農業が支えるという視点で考えた場合、資源を有効に活用しつつ環境を適切に保全、また農村コミュニティがその機能を発揮できるよう社会システムを維持しながら、家族労働力を用いて食料を増産し生活に必要な一定の所得を農産物の販売で稼ぐといっても、実際にはそのこと自体が大きな課題といってもよいだろう。与えられた農地と家族労働力、利用可能な水資源や土壌資源のもとで、家族農業は土地と労働の要素生産性を高めていかなければならない。そのためには、農地では灌漑・排水施設と圃場などのインフラ整備および土壌の改良、そして労働力は訓練と研修による人的能力の向上が必要条件であり、そこに技術を導入また資機材を投入し、市場の動向

を見定めて市場性の高い農産物を選択しその生産を拡大していかなければならない。いうまでもなく、環境の保全や農村コミュニティの維持はそのための前提となるが、どこかで従来の家族農業とは一線を画すブレークスルーがなければ家族農業の発展はありえず、増加する家族の世帯員を養うこともむずかしい。

技術の導入や資機材の投入は、あくまで家族農業の維持・発展のための許容内となるが、その線引きは置かれている家族農業の状況によって異なってくる。例えば、利用する農地が狭小で家族世帯員が多いサハラ以南アフリカ諸国では、長年の連作による土壌養分の収奪により土壌が著しく劣化しており、有機物とともにある程度の化学肥料の投入がなければ土壌栄養の回復が追いつかず、収量は著しく減少する[7]。また農薬の散布がなければ病虫害の蔓延を防止することができず、自家採取した種子の多用は収量の減少を引き起こすためそれに代えて改良種子を使わざるをえない。等高線栽培や傾斜地での土壌流出を防ぐための圃場のテラス化などを含め、環境に配慮しつつ行う集約的農業はある程度容認されてしかるべきであろう。水不足であれば、用水確保のための堰や揚水機の設置が必要であり、労働力の不足があれば、耕起や運搬など農作業を効率化するために機械や車両も必要である。人材の能力向上による技術や資機材、施設の適切な利用が、食料増産と環境保全を両立させる。

技術や資機材の利用が収量の増加には不可欠と理解しているとしても、資金不足では必要な資機材を購入できないうえに、研修・訓練に参加する機会が乏しければ技術の受容もむずかしい。また、農産物の市場調査と販路先および輸送手段の確保、輸送中の農産物の品質管理、付加価値を高めるための加工、利益を生み出すほどの販売価格の決定、販売代金の速やかな回収、品質劣化や価格下落に備えた保険制度への加入など、農家が取り組むべき課題はあまりにも多い。こうした課題の多くは農家自身では解決できず、政府による政策対応や農家グループによる共同対応がどうしても必要になってくる。

（2）課題解決への政策対応

　フランスで130以上の国際NGOsを傘下に収めた組織であるCoordination SUDの農業・食料委員会は、2011年に "Which public policies for family farming in developing countries?" と題する報告書を刊行した[8]。このなかで、家族農業を支えていくための政策対応として、収益が得られる水準でかつ安定した販売価格の確保、自然資源に対する公平なアクセスの保証とその持続可能な管理、家族農業の発展を支える公共投資の実施、そして農家グループの育成とその参加に基づく効果的で一貫した公共政策の立案と実施を取り上げた。以下、それぞれについてこの報告書から引き出される主要な点を要約する。

●収益が得られる水準でかつ安定した販売価格の確保

　安価な輸入食料・農産物に国内市場が占有されている状況を変えるために、輸入を制限して国内の市場を正常化し、市場メカニズムによって需給の状況が正しく反映されるよう価格を決定する。価格が不安定で農家が収益を得られないほどであれば、政府が主要な農産物別に市場に介入して価格を安定させ農家が収益を確保できるほどの価格水準へと組み替える。この場合、農産物ごとに農家グループ、加工業者、輸送業者、小売業者などの間で広く開かれた対話と協議のためのプラットフォームを設置し、農産物の量と質および価格の面で市場の供給が十分に満たされるようにする。また地方ごとに分断されているいくつかの市場を統合して農家が拡大された市場にアクセスできるようにし、出荷した農産物の過不足を解消し価格を安定させる。

●自然資源に対する公平なアクセスの保証とその持続可能な管理

　多くの農家が、農地や水、森林などの自然資源に対して公平にアクセスできない状況におかれ、ごく一部の資金のある大規模な農家がこれら自然資源へのアクセスを占有、さらには条件のよい農地へのアクセスを優先するなど、その利用と権利をめぐり小規模農家との間で対立している。アクセスの不公平は資源利用の効率性を大きく損ね、家族農業による主体的な開発を妨げて

いる。また利用可能な農地のさらなる規模格差を生み出す。したがって、かかる不公平を是正して、農地所有とその利用のアクセスをより公平にするような資源の再分配政策を講じていくことが必要であるが、こうした政策はアクセスを有する農家の既得権益を揺るがしかねず、また多かれ少なかれそのことが社会的な摩擦や混乱を招くことにもなりかねない。他方、農村コミュニティが共有する土地、水、森林などの自然資源の利用に政府が介入し、農家の間で共同管理し持続的に利用する仕組みをいかに作り上げるかもまた、政府の重要な役割である。農家グループによる水利組合を通した主体的な水資源管理、土地利用のための管理組合の起ち上げなどが、そのための有効な手段となる。

●家族農業の発展を支える公共投資の実施

　開発途上国、特にサハラ以南アフリカ諸国では、農業部門に費やされる投資額が極端に少なく、到底家族農業を支えるまでには至っていない。またODAの農業部門に対する配分シェアも近年大きく低下している。政府は、容易にアクセスできる営農上のアドバイス、農業者への研修と訓練、低利融資の供与など、市場では供給されない公共財サービスを提供する立場にあり、また道路、灌漑・排水施設などの農村インフラ整備は、その管理と運営が地方の行政機関や利用者に任されるとしても、その財源は中央政府によって賄われなければならない。家族農業が経営発展へ向けたアプローチを探り、生産資源の最適利用に努め、またリスクを低減するためには、上述した公共財サービスの提供や農村インフラの整備において、政府が積極的に働きかけていくことが求められる。

●農家グループの育成と効果的で一貫した公共政策の立案と実施

　効果的で一貫した政策を立案し実施していくためには、農業政策の計画段階から農家グループが加わり、意見交換と相談を通して農家の期待や実行可能性を政策に反映できるようにすることが重要である。また政策に一貫性をもたらすために、一般的な目標と優先順位をつけた具体的な目標とを分けて設定することが望ましい。農家グループは政策目標を明確にするうえで大き

な助けとなるが、農家グループ自体、政策立案者および農村の民間セクターとの間でしっかり議論できるほどの能力が強化されなければならない。とはいえ、農家グループがマクロないしはグローバルレベルにおける政治ないしは経済の両面での情報の入手とその分析、評価を行うには限界と制約があり、また農家間の利害関係を調整して農家グループが政策立案のアイデアをまとめ上げていくのは決して容易なことではない。

　以上、報告書に記述されている課題解決に向けた政策対応について要点を整理したが、いずれも家族農業を維持発展させていくうえで重要な指摘である。これに加えて、ジェンダーへの配慮、レジリエンスの強化、フードバリューチェーンの構築が必要と考えられる。

　家族農業は世帯員同志の強い結束と連携がなければ成り立たないが、特に主要な働き手の一部である女性への配慮は欠かせない。女性は農業だけでなく生活においても大きな負担と責任を抱えており、労働の軽減とほかの家族世帯員との労働代替を考慮に入れなければならない。また営農上のアドバイス、研修や訓練、融資および農地など資源へのアクセス改善、農家世帯内および農家グループでの意見の反映などを通して、女性をエンパワーすることが重視されるべきである。

　気候変動による不作、家畜感染症の蔓延、市場価格の暴落など、農家自体ではコントロールできない不測の事態に備えて、保険など制度的仕組みへの加入、貯蓄、家畜疾病予防のためのワクチン接種などといった農家レベルでの対応、農村コミュニティにおける防災対策やICTを駆使した早期警戒システムの導入、さらに政府レベルでの市場価格安定政策など、農家、農村コミュニティ、政府のそれぞれの立場からレジリエンス強化の対策を講じていかなければならない。また品種改良など気候変動対応型の技術導入により、作柄を安定させることも必要である。

　収益を上げるために、農家は農産物を生産するだけでなく、それを加工、販売して付加価値を高めるといったように、市場を意識したフードバリューチェーンの構築を考慮に入れる必要がある。それを農家や農家グループが主

体的に実施する場合やフードバリューチェーンの川中、川下につながる民間セクターと連携していくケースもある。いずれにせよ、そのためのノウハウやスキルを習得し知識や情報を得ることおよび関係者とのネットワークづくりには、政策的な支援が必要である。また農産物の買い手と契約栽培を通して売り先の安定確保と経営上のリスク分散を図ることも、フードバリューチェーンの構築と並んでレジリエンスを強化するうえで有用である。

(3) 家族農業の変容と農村コミュニティの変質

　家族の構成が変われば、家族農業自体も変容していく。農業だけで生計を維持することが難しければ、世帯員の一部が家族を離れて農業外の仕事に就くこともやむをえない。いわゆる農業の兼業化が進んでいくが、これが通常いわれるところの安定した兼業農家といえるかどうかはおおいに疑問の余地が残る。途上国では、兼業の機会が、出稼ぎ、居住地での農業外就業、ほかの農家での雇用、何らかの自営業など多様であるが、その就業機会が必ずしも安定しているとはいえない。むしろ不安定であるがゆえに、そうした就業機会を逸すれば世帯員がまた家族農業へ戻ってくる可能性が高い。

　出稼ぎを含めた農業外就業は農家の主たる就農者（戸主）の場合もあるが、農家世帯のなかでは若年者が流出する確率が高い。一部には農業後継者として帰ってくるケースも出てくるが、教育水準が高学歴化していくほど農家や農村へ帰ってくる確率は小さくなっていく。結果として、家族農業を支える就農者の平均年齢は高まっていくであろう。

　IFAD（国連国際農業開発基金）が調査した途上国13ヵ国76.7万戸の農家から得たデータ（Rural Development Report 2019）によれば、戸主の平均年齢が50歳、戸主以外の就農者全員の平均年齢が41歳と示された[9]。サハラ以南アフリカ諸国の農村では、若年者を含め依然として農業が重要な就業先ではあるが、今後家族農業の就労構造が変化していくのにともない脱農化が進み、戸主と戸主以外の就農者の平均年齢がともに高まっていくことが予想される。とはいえ、その予想もなかなか容易ではない。農家の就農者数と

平均年齢は、農業外の就業機会の増減とその安定性に大きく左右されるからである。安定した農業外の就業機会が増加すれば、同居する家族の世帯員数は減少し就農者数もまた減少するが、農業外の就業機会が減少すれば世帯員数はそのままか、増加するであろう。技術の導入とか農地など生産資源の追加的増加がなければ、前者の場合は戸主と就農者が高齢化し家族農業が弱体化して食料の確保が難しくなり、後者の場合には増加する世帯員数を扶養するだけの食料の確保と就農の機会が保証されるかどうか不安がつきまとう。農業外の就業機会は他律的に決まるので、その機会が失われて農家へ回帰すれば、他出していた世帯員が偽装失業化してしまう。

　家族の世帯員数が減少すれば、家族農業は必要な労働力を雇用するか、グループ農業（営農組織）による農作業の協業化を進めていくことが考えられるが、そこに支払われる対価を補って余りあるほどの食料の増産と所得の向上が伴わなければ、家族農業を持続させていくことが難しくなる。逆に雇用労働や農作業の協業化がなければ、残された就農者の労働強化につながり、同様に家族農業が持続されない。一方、家族の世帯員数が増加すれば、より要素集約的な農法の展開（経営部門の複合化など）で農業の労働吸収力を高める方向に進んでいくことになるが、この過程で就農者の平均生産力は低下し、限界生産力に至っては限りなくゼロに近づく。その結果として 1 人あたり所得は著しく低下してしまう。農地規模が不変で技術進歩がないという条件下では、家族農業がいわゆる古典派的定常均衡へ帰着していくものと考えられるのである。

　したがって、家族農業を維持発展させていくためには、前述した政策対応により土地と労働の要素生産性を向上させ、農産物の販売価格を市場の実勢に合わせて正常化させていくことが、農家世帯員の増減にかかわらず、重要なポイントといえる。その場合、農法が環境の保全に十分配慮されていなければならない。

　農村コミュニティにおいてもまた、家族農業の変容に応じて変質していくことを迫られる。時間の経過のなかで、農家の戸数、農村人口の増減と年

齢・性別の構成に変化が生じていけば、農家間のネットワーク関係が従来とは異なるものへと移り変わっていく。戸主が女性あるいは就農者の高齢化といったように家族労働力が弱体化すれば、それを補完するための農家間による労働力調整、言い換えればインクルーシブなアプローチが農村コミュニティには強く求められる。他方、農家間で利用可能な資源の集積による保有の変化並びに技術の導入に基づく要素生産性の違いが明確になってきたとき、これによる格差の拡大が農家間をつなぐ農村コミュニティの求心力を失わせる事態も考えられる。あるいは外部から資本制農企業が進出してきた場合、既存の農村コミュニティが何らかの形でインパクトを受け、揺り動かされることも想定される。

　そうした農村コミュニティの変質が考えられるとしても、共有する資源や施設の利用秩序、農家間のセーフティネット、かけがえのない自然環境および農村伝統文化の維持と保全は、農家相互の協力と連携のもとで農村コミュニティが果たすべき重要な役割である。この役割が機能するかぎり、家族農業は持続しまた新たに再生する保証を与えられるであろう。

4．おわりに

　途上国の農村では営農が主に家族農業により担われ、そこには多くの貧困者が存在している現状にあって、家族農業の発展が食料増産と貧困削減のキー・ポイントであることは相違ない。とはいえ、これまで述べてきたように、そこに内包されている種々の課題を解決し克服していくのは決して容易ことではない。

　かつて盛んに取り上げられてきた開発経済学に示される二重経済モデルは、農業部門の余剰労働力を工業部門へ移動させ、余剰労働力を扶養していた生活コストを原資とし、革新技術の導入と資源の有効利用で農業を発展させることにより、残された就農者の労働生産性向上を通じて食料増産と貧困削減が成し遂げられると暗黙のうちに想定されていた。しかしながら、実際には

就農者の平均年齢の上昇にともなう人的な生産能力の低下とか他出していた余剰労働力の帰還などにより、労働生産性が向上せず理論通りにはいかないことが明らかになってきた。また灌漑施設などのインフラ整備が追いつかず、肥料、農薬、改良種子など外部からの農業資機材の投入が不十分ななかで、限られた農地を集約的に利用した結果、土壌栄養分の流出と枯渇が深刻になり、農業生産の持続性自体が問題になる局面も出てきた。このことは、特にサハラ以南アフリカ諸国において当てはまる。アジア太平洋、ラテンアメリカの後発諸国でも、そうした事態に直面しているところが存在するであろう。家族農業が環境に配慮しているとしても、土壌や水など諸資源の持続的利用を高める努力を続けることが、食料の増産には不可欠である。

　二重経済モデルは、農業部門において技術導入と並んで外部資機材の投入を否定するものではなかったが、農業の主要な開発主体である家族農業のあり方そのものに言及することはなかった。家族農業の変容と農村コミュニティの変質を考慮に入れながら、家族農業が直面する課題にどう取り組んでいくべきか、この点が今後さらに深掘りされていかなければならない。

注と参考文献

（1）国連「家族農業の10年」（2019−2028）農林水産省。https://www.maff.go.jp/j/kokusai/kokusei/kanren_sesaku/FAO/undecade_family_farming.html（2022.7.22）

（2）FAO（2022）*The 2022 edition of State of Food Security and Nutrition in the World*によると、2021年の栄養不足人口は前年に引き続き急増を続け、8億2,800万人（世界人口の11.7％）に達していると報告されている。また31億人が安全で栄養価の高い食料に十分アクセスできていない状況とも伝えられている。

（3）鈴木宣弘（2019）：「国連　家族農業の10年」の具体化に向けて、ARDEC、61号、（一財）日本水土総合研究所、pp.16-20.

（4）関根佳恵（2019）：「国連　家族農業の10年」が問いかけるもの—「持続可能な社会」への移行—、ARDEC、61号、（一財）日本水土総合研究所、pp.21-25.

（5）What is agroecology? Agroecology is sustainable farming that works with nature. https://www.soilassociation.org/causes-campaigns/a-ten-year-transition-to-agroecology/what-is-agroecology/（2022.7.28）

（6）ミゲール・A．アルティエリ，クララ・I．ニコールズ，G．クレア・ウェストウッド，リム・リーチン著、柴垣明子訳（2017）：「アグロエコロジー：基本概念、原則および実践」、総合地球環境学研究所、42p.

（7）Ken E Giller and Others（2021）Regenerative Agriculture：An agronomic perspective, *Outlook on Agriculture*, XX（X），pp.1-13.

（8）The Agriculture and Food Commission of Coordination SUD（2012）*Which public policies for family farming in developing countries?* 71p.

（9）IFAD（International Fund for Agricultural Development，国連国際農業開発基金）から刊行されているRural Development Report 2019（農村開発報告2019）によれば、アジア太平洋、ラテンアメリカ、サハラ以南アフリカの3地域より、13ヵ国、76.7万の農家世帯から集めたデータをもとに分析した結果、週あたり就労時間の50％以上を農業に割り当てた農家戸主の平均年齢は50歳、50％以上を農業に従事した世帯員全員で集計した平均年齢は41歳であった。同じデータから、少しでも（週1時間以上）就農した者の平均年齢は戸主で49歳、世帯員全員で34歳と示された。このことから、若齢の世帯員は農業外で就業していることが示唆される。Aslihan Arslan（2019）How old is the average farmer in today's developing world?, https://www.ifad.org/en/web/latest/-/blog/how-old-is-the-average-farmer-in-today-s-developing-world-（2022.8.7）

第3章　環境配慮と農業開発

1．はじめに

　地球温暖化に起因した気候変動が、農業にも深刻な影響を及ぼしている一方で、現行の農業のあり方自体が二酸化炭素やメタンなどを大気中に放出することで温暖化を加速させる側面を作り出していることはよく知られている。したがって、農法をいままで以上に環境の配慮に強くコミットさせていくことが強く求められている。例えば、大気中の二酸化炭素を土壌中に貯留する農法を適用するとか、そのために作物の残渣物や家畜の排せつ物を使って完熟堆肥をつくり土壌中にすき込むといった資源循環型の農法をより積極的に用いることなどである。その一方で、肥料や農薬など農業投入財の使用を控え、機械や施設の利用に強く依存しないように努めていく。

　環境に配慮した農法を通じて作物を栽培し、より安全で栄養に富んだ農産物を確保、それを食すれば人々の健康維持という厚生水準が高まりながら、環境もまた保全されていくというメカニズムである。さらには、その販売を通じて農家の所得が高まっていけば、経済水準もまた向上していく。

　環境に配慮した農法の普及は、大規模な企業的経営にはなじみにくいため、その対象は小規模家族農業に照準を合わせたものとなる。したがって、与えられた資源と環境のなかで、農家自らが栽培と経営を組み立て、農産物を流通し販売する方法を考え出していかなければならない。環境に配慮した農業へ小規模農家が踏み切るかどうかは、その経済的自立性を判断したうえで農家自らの意思決定に委ねられることになる。環境に配慮した農業は、理念的

には広く理解され、また社会的な認知を受けているとしても、実際に農家が
それを受け入れないかぎりはその普及と定着までにはいきつかない。そのた
めには、いかなる条件が付与されるべきであり、またどのようにその方向へ
政策的に誘導していくべきかを検討し考察するのが本章の目的である。

　本章では、環境に配慮した農業開発の意義と重要性をあらためて明らかに
し、近年世界的な注目を集めている環境再生型農業についてそのポイントを
整理する。そしてこの環境再生型農業の普及と定着に向けた諸条件と政策的
方向について論じていくこととする。

2．環境に配慮した農業開発の意義と重要性

（1）温室効果ガスと地球温暖化

　地球温暖化の主要な原因となっている温室効果ガスの80％近くは二酸化炭
素であり、その排出は石炭や石油などの化石燃料を燃焼することによって引
き起こされる。また森林の伐採や火入れ、農地造成、施肥など農林業の活動
に起因して発生する温室効果ガスは世界の排出量全体の４分の１を占めると
いわれている[1]。森林が破壊されると二酸化炭素の吸収源が失われるため
温暖化が加速され、農地が造成されると土壌中に有機物として存在する土壌
炭素量が減少して二酸化炭素が大気に排出される[2]。

　また化学肥料や堆肥を施用、作物残渣がすき込まれることによって土壌中
に投入される窒素がアンモニア態窒素に変化し、微生物の働きによって一酸
化二窒素が発生して大気に放出される[3]。大気中の温室効果ガスの排出量
を減少させるためには、いきつくところ大気中の温室効果ガスをエネルギー
消費量の減少によって削減させるか、もしくは適切な森林経営と農地管理な
どにより温室効果ガスを吸収させるかの選択、あるいはそれを同時に進めて
いくことが必要となる。

　農業においてはどちらの対策も必要であるが、このうち温室効果ガスを吸
収させる対策では農業の果たす役割がきわめて大きい。堆肥など有機物を土

壌へ還元し、耕起による土壌のかく乱を少なくすれば、温室効果ガスが吸収されまたその大気中への排出が削減される[4]。長期間微生物によって分解された有機物の炭素が土壌中に貯留され、二酸化炭素の一部が大気中に放出されたとしても、炭素の貯留がはるかに上回れば、大気中の二酸化炭素は減少していく。

　実際のところ、農業分野で温室効果ガスの排出には、このほかにも家畜排せつ物の管理に伴う尿素の排出や家畜の消化管内発酵に伴うメタンの排出、水田土壌（稲作）からのメタンの排出などが加わる[5]。また環境を考える場合には、気温の上昇だけでなく土壌や水など資源の質的悪化も考慮に入れなければならない。

　ともあれ温室効果ガスの排出による地球温暖化が、洪水、干ばつ、森林の荒廃、砂漠化、そして海水面の上昇など、あらゆる環境的側面にネガティブな影響をもたらす根源であることは間違いない。

　地球温暖化は農業をきわめて不安定なものにする。食料作物の収量が減少する一方で雑草や害虫がはびこり、降雨パターンの変化は短期的には作柄を不安定にし、長期的には確実に減収させる。特に農業に生計を依存する貧困な世帯が多い途上国の農村では、農業生産の不安定と減収は、彼らの生活と生存そのものを脅威に陥れる[6]。

　IFPRI（国際食料政策研究所）は、将来の気候変動の影響を相殺して飢餓人口を減らすために、途上国を対象とした国際農業研究、水管理および農村インフラの整備にどれほどの投資を要するかを試算した。それによると、農業研究は年あたりで2015年の16億2,000万ドルから2050年には27億7,700万ドルへ増加、また水管理と農村インフラの追加的投資にはこの間にそれぞれ127億ドルならびに108億ドルを要すると推計した[7]。

　いずれにせよ、地球温暖化による影響は深刻で、その影響を軽減するための投資には膨大なコストを要するのである。

（2）環境に配慮した農業開発の意義と重要性

　温室効果ガスの排出を減らすために、環境に配慮した農業開発を進めていく必要があることは理解できたが、その意義についてここであらためて整理しておくことにする。

　農業の環境への負荷は、物理的側面と化学的側面および生物的側面に分けて考察すると理解しやすい。物理的側面では森林の伐採や農地の造成にみられるように開拓して農地を外延的に拡大することに起因し、化学的側面では慣行農法に基づく肥料や農薬など農業投入財の多投によるものである。また生物的側面では家畜の多頭羽飼養などによるものである。この過程で多くの温室効果ガスが排出されるとともに表土が流出し、土壌や水が汚染されてしまう。農作業の機械化にしても、排ガスを発生させると同時に土壌を固く踏圧して土壌中の通気性や透水性を失わせることにつながる。

　したがって、環境に配慮した農業開発とは、こうした負の側面をできるだけ軽減させていく方向で開発を進めていくことであり、外部からの投入財使用を控え内給的な資源を循環利用して、環境負荷が小さい農業を目指しながら収量を落とすことなく一定の収穫量は確保することを目標として掲げるものである。そうすれば、土壌や水など資源を持続的に利用しながら環境の維持保全が図られるだけでなく、多様な生物資源が復活・再生するなど豊かな生物相もまた復元するであろう。

　地球温暖化が進行するなかで、環境に配慮した農業は、欧米諸国でその意義を踏まえて政策的に取り組まれている。EUでは「Farm to Folk戦略」が、またアメリカでは「農業イノベーションアジェンダ」がそれぞれそれに相当している。わが国でも、農林水産省が2021年5月に「みどりの食料システム戦略」を策定して、2050年までの目指すべき姿と戦略的な取組方向を発表し、また具体的な行動目標を定めている[8]。

　途上国では、急速な人口増加、1人あたり平均所得の増加および都市化の拡大などを背景に、食料および農産物に対する需要の伸びが著しく、それに

対応すべく農業生産の量的拡大と多様化、栄養や安全性への配慮など食料／農産物の質的な充足が求められている。そのために、農地を広げ、収量を増加させ、また家畜の集約的な飼養を行い、淡水魚の過密な養殖によって対応しなければならない状況に迫られている。そしてそのことが、土壌や水などの資源に圧力を加えて環境破壊と地球温暖化への誘因となり、また環境の質の劣化へとつながっていくのである。したがって、農業は環境の保全に十分配慮して進めていくことが望ましいが、実際には途上国農業の大部分を占める貧困な小規模農家にとって、家族を養うための食料の安定確保が先行し、農業生産上の環境への理解と配慮はどうしても後回しにならざるをえない。環境に配慮した持続的農業を展開していくのであれば、農家の日常的なニーズや期待を満たすことを基礎におきながら、農家に受け入れやすい方法で、収量を引き上げ、環境への負荷を小さくする技術の体系を開発・導入しつつ、政策がその動きを支えていく体制を築いていかなければならない[9]。

（3）環境に配慮した実践的な技術

　環境に配慮した農業の実現は、先進国、途上国を問わず主要な政策目標の一つとなっている。適正な実践的技術を用いて、環境へ負荷を与えず、資源を保全しながら利用し、社会的に受け入れられ、また経済的にも自立できるシステムを構築していかなければならない。しかしながら、こうした複雑な要素を組み入れたシステムの構築とその実現は、決して容易なことではない。ここではとりあえず政策、制度および市場などの諸条件は考慮しないことにして、このシステム構築のカギをにぎる技術の選択について整理することにしたい。これには健全な土壌づくり、水の効果的な利用と水質の保全、大気の浄化、生物多様性の維持と促進において、高い優先度をもって配慮されていることが大きな前提である。

　これまで、環境に配慮した実践的な農業技術として推奨されてきたものには、圃場内で異種の作物を輪作、間作あるいは混作すること、農地の休閑期に土壌を被覆する作物を植え付けること、緑肥をすき込むこと、できるだけ

耕起することを控えること（不耕起栽培）、総合的病害虫・雑草管理（IPM）を適用すること、耕種作物と家畜を有機的に組み合わせること（耕畜連携）、アグロフォレストリーを取り入れること、集約度の高い土地利用を控えること、などが挙げられる⁽¹⁰⁾。

こうした技術は、与えられた自然環境や農家の経営条件によって取捨選択あるいは組み合わされていくが、これによって生産性が向上し、また農村コミュニティに受容され、農家の所得が増大するかどうかは、ほかの諸条件を検討材料に組み入れて、多角的に考察していかなければならない。

3. 環境再生型農業の考え方

（1）環境再生型農業とは

近年、環境再生型農業（Regenerative Agriculture）が注目を集めている。環境再生型農業には、明確な定義が存在しているわけではないが、関係するいくつかの文献 [11] [12] によれば、「自然生態系が本来的にもつ復元力、土壌の炭素隔離や水分の貯留と循環などの機能が十分に活かせるよう有機物の投入によって健全な土壌づくりに意を注ぐ農業のあり方」であり、それによって気候変動が緩和され、環境にやさしくまた農村の景観やコミュニティが維持・管理されるというものである。言い換えれば、化学肥料の投入を抑えて土壌を健康な状態に戻し、栄養価の高い農作物を栽培し、その生産性を向上させる農業といえる。環境再生型農業でいうところの「再生」とは、文字通り土壌資源がもつ自然生態系の復元力を再生し維持していこうとすることに意味が込められているように考えられる。さらに敷衍すれば、農家がより健康的でかつ長期的に地球にもやさしい農法を使うことで、土壌や水の循環や機能が維持されて農作物が栽培し続けられるという意味での再生である [12]。

アメリカの著名な地質学者であるデイビット・モントゴメリーは彼の著書のなかで、環境再生型農業として論究しているわけではないが、この考え方に沿った内容を記している [13]。モンゴメリーは、土壌に有機物を還元する

ことで炭素を増加させてそこに土壌微生物群を育ませ、土壌微生物の働きを借りて作物の生長に必要な栄養やミネラルを作り出し、植物の毛根がそれを吸収、また同時に土壌微生物が病害虫の防除にも対応することの重要性を強調した。

環境再生型農業を展開していくための具体的な農法は、前述した実践的な技術に依存していくことになるが、それでは環境再生型農業は有機農業とどのように違うのであろうか。

FAOによれば、有機農業とは、「生物の多様性や生物的循環、土壌の生物活性など農業生態系の健全性を促進しそれを強化する全体的な生産管理システムであり、これに基づいてできるだけ地域に存在する生物資源を用い、外部からの投入財である化学的に合成された肥料や農薬および遺伝子組み換え技術などの使用を避けて農業生産に由来する環境への負荷をできるだけ低減した地域の諸条件に適合する農業」と定義づけている[14]。長期的には農業のあり方が土壌の肥沃度を維持増進し、また病害虫の発生を抑制する地域に特有の生産管理システムによって置き換えられるとしている。

有機農業が自然と調和しながら地域の多様な生物と共生し、外部投入財に頼らず健全な土づくりを基本とするという点において、何ら環境再生型農業と変わるところはない。ただし環境再生型農業は、必ずしも全面的に化学的に合成された肥料や農薬、遺伝子組み換え技術を排除するものではない。特にサハラ以南アフリカのように、もともと土壌に栄養分が欠乏し、堆肥をつくるにも材料となる有機物を容易に入手できないところでは、耕作を続ければ土壌の劣化は避けられず、土壌栄養の維持と炭素隔離および作物の収量増加にとって有機物とともに化学肥料の投入は不可避であり、また病害虫に抵抗性をもつ遺伝子組み換え種子の利用はある程度はやむを得ないとしている[12]。合成化学品投入の可否は、地域のおかれている状況にしたがって判断されるべきという立場にたっている。とはいえ、あくまで健全な土づくり、生物多様性の維持という環境再生型農業の基本的スタンスは揺らぐことはない。環境再生型農業については、現在でもさまざまな点で活発な議論が展開

されている⁽¹⁵⁾。

（2）ササカワ・アフリカ財団の挑戦

　（一財）ササカワ・アフリカ財団は、「新5カ年事業戦略（2021－2025）」（Sasakawa Africa Association Strategic Plan 2021-2025）を起ち上げ、現在これに沿って事業を展開している。新戦略では、環境再生型農業を支援活動の柱に据え、アフリカ農村を取り巻く様々な状況に鑑みながら、環境保全型農業（最小耕起・土壌被覆・作物多様化）と総合的土壌肥沃度管理（改良遺伝資源・有機／無機肥料・農家の知見）アプローチを組み合わせ、有機物や化学肥料の適切な投入によって地力を回復し、またIPMの導入や農薬の散布を最適化しながら小規模農家の農業生産性を向上また安定させることで、干ばつや土壌劣化など地球規模の環境課題に適応できる持続可能かつ強靭な農業を目指すとしている⁽¹⁶⁾。

　ここで特徴的な点は、環境保全型農業と総合的土壌肥沃度管理アプローチの組み合わせ（持続的農業集約化　Sustainable Agricultural Intensity）によって、サハラ以南アフリカの土壌構造や土壌保水力の状況に適合させながら環境再生型農業を進めようとしていることである。総合的土壌肥沃度管理アプローチとは、土壌が有するポテンシャルを引き出すために、不足する土壌栄養分を化学肥料や改良遺伝資源などで補うことにより、土壌中に含まれる有機物、ミネラル、水を最大限に利用することとされている。元来アフリカの土壌は痩せており、これまで農業生産は主に森林や野生生物の生息地を開墾し農地面積を拡大することで行われてきた。しかし、このような方法では、土壌はますます痩せ細り、気候変動がもたらす干ばつや洪水などによって農業生産の不安定性はさらに激しくなる。化学肥料の使用率が世界平均の15％といわれているアフリカでは、環境保全型農業とともに総合的な土壌肥沃度管理アプローチを伴う環境再生型農業が、与えられた農地で収量を引き上げる数少ない有効な方法と考えられている。

　もう一つ特徴的な点を挙げれば、環境再生型農業と定義づけることはなく

とも、現地の農業者が経験的にこれに近い農法を用いて農業生産を行ってきたという事実[17]を正しく評価しているということである。アフリカの農業者は伝統的な土壌肥沃度管理手法を引き継いできたが、土壌肥沃度を持続的に高めていくほどの技術はもたず、特に村から離れた農地ほど肥沃度の管理が粗放的になるという。こうした低い土壌肥沃度に留めている背景と要因は、技術だけでなくより総合的な見地に立って農家の経営条件さらには地域の社会経済的および制度的な側面からも解明していく必要がある。調査した結果をもとに、現地に適した環境再生型農業の実践的な技術を試験圃場で組み立ててその有効性を実証し、その後実際に農家の圃場レベルでその技術を試行してみることで技術導入および技術普及上の制約要因を明らかにし、導入と普及へ向けた改善策を提示していくことを目指している。

図3-1　新５カ年事業戦略（2021-2025）の概念図

出所: ササカワ・アフリカ財団ホームページ

ササカワ・アフリカ財団は、これまで農業支援の現場において、干ばつに強い作物品種の使用、最小耕起、効率的な水管理、有機/無機肥料などの組み合わせを、対象地域の農業生態系および社会経済的条件に即して実施してきた豊かな経験を有している。同財団の新戦略は、この経験の上に立って環境再生型農業を主軸においた技術の開発と普及を基盤に、この基盤のもとに生物学的栄養強化作物を導入することで小規模農家世帯レベルでの栄養改善に結びつけ、また農家がビジネスマインドをもって市場志向型農業を展開していくことで農家の所得向上につなげることを意図するものである。**図3-1**は、この関係性を明示した新5カ年事業計画の概念図である。

（3）環境再生型農業の課題

　途上国の農村で組み立て実証された環境再生型農業の技術を、現地農家の間に普及し定着させ社会実装化していくためには、克服していかなければならないいくつかの課題がある。

　第1に、技術に関する知識や情報をどのように農家目線に合わせて伝達していくかということである。現地に適応可能な技術は、それぞれの農村コミュニティや農業生態系などの条件に応じて組み立てられるが、それが農家の間に浸透していくためには、理解しやすく実践可能でしかも農家の利用する資源やニーズに見合うものでなければならない。このために技術としてパッケージ化された知識、すなわち土づくりから播種、栽培、収穫に至るまでのプロセスを丁寧に農家へ伝達していくことが必要である。農家の理解を早めるために、農家の圃場で専門家や普及員による技術のデモンストレーションを実施することはきわめて有効であろう。

　第2に、パッケージ化された現地適応技術をいかに農家の間に効率的に普及していくかということである。ここでは普及の過程に農家に参加してもらうアプローチが考慮に値しよう。技術を伝える側とそれを受ける側との間で対話と相談を繰り返し、農家が技術を習得して実践に移すまでの現実的な課題をともに考えて解決方法を導き出していくことが現実的である。専門家や

普及員では容易に把握できない農村コミュニティや個々の農家に技術の導入と定着を阻む内部事情が存在しているかもしれない。そうした内部事情をよく理解したうえで普及のあり方を探っていくことが必要である。また普及技術を農家の間に広げていくために、ICTツールを使ったオンライン上での動画の配信や相談の送受信は普及活動の効率化をより一層高めることにつながる。

　第3に、若年者など新しい担い手を育成することである。環境再生型農業のような新しい技術を取り入れることに、またICTツールを使った農業のデジタル化に若年者など新規就農者は高い関心を示すにちがいない。新しい技術の導入には、斬新な発想力と旺盛な知識吸収力や情報収集力、そして積極的な行動力が必要である。こうした能力を涵養していくためには教育や訓練が不可欠であり、また営農意欲を持続させていくためのインセンティブが必要である。そうしたインセンティブとは、市場性の高い農産物を生産し販売する一方でコスト削減の努力を払い、結果として高い収益性が確保されるように助成を通じて政策的に仕向けていくことである。また土壌構造の改良など環境保全に配慮した栄養価の高い作物の栽培が、若い就農者にとって誇りになるという側面もまたあるかもしれない。

　第4に、消費者に対し環境再生型農業についての知識と情報を深める広報活動を通じ、消費者がその技術によって生産された農産物を進んで購入するようにすることである。消費者にしてみても、購入した農産物が安全で栄養価に富み、また自分の健康が土壌の質と肥沃度の改善に密接に関係していることを意識づけすれば、進んで購入しようとする態度が促されるであろう。加えて、消費者が支払いを許容できる範囲に価格を設定、しかもその価格が生産者の単位重量あたりの生産と流通に要するコストを補って余りあれば、生産者の収益性は着実に高まっていく。また自ら生産した農産物は家族消費にも仕向けられ、栄養の改善につながる。

　第5に、環境再生型農業の振興につながる政策的な環境整備を行うことである。これは途上国では決して容易なことではないが、例えば土壌肥沃度を

高めた農家に対して奨励金を与える、土壌有機物を増やした農家に炭素排出権を溜められるようにする、作物保険制度を環境再生型農業の実践農家に適用する、環境再生型農業の技術で生産した農産物の価格にプレミアムをつける、環境再生型農業を実践する農家に特別の低利融資枠を設ける、さらには環境再生型農業の技術開発と普及に対して助成金を与えるなどの政策をパッケージ化して供与することである。先進国からこれらの政策に対して支援するというのも重要な協力のあり方と考えられる。

このほか農産物の貯蔵や輸送と流通、農産物の共同集出荷や農業投入財の共同購買のための農業者組織化なども環境再生型農業を促進していくための課題であるが、本題から大きく乖離してしまうので、ここでは差し控えたい。

ともかくも、環境再生型農業を前に進めていくうえで重要なカギとなるのは、その意味と意義を確認し、地域の状況に適合した技術パッケージを組み立てたうえで、専門家や普及員が農家へ技術を伝達し指導しながら、一方では農家の意見や相談ごとにも十分に耳を傾けて、農業生態系や農家の経営条件に照らしてそれに相応しい技術を共創していくことである。

4．おわりに

途上国の農業開発は、環境に配慮した方向に進めていくことが必然的な流れとなっている。それを実現していく農法なり技術は、おかれている地域の諸条件に照らして選択されていくが、サハラ以南アフリカでは環境再生型農業がその有力な選択肢であると述べてきた。

とはいえ最後に触れておくべき重要な点は、その技術選択がこれまでの農業開発のあり方自体に大きな変革を迫るということである。地域の自然環境と資源の賦存状況を調査・探索し十分に見極めたうえで、その環境によく適合し有限な資源を最適利用する技術を、農業者自らが問い直し組み立てていくことが基本に据えられなければならない。外部から与えられる農業投入財やサービス、支援活動に過度に依存することなく、農業者が主体的に環境に

配慮した自営農業のあり方を考えていく必要がある。そのために、伝達される知識や情報を自らの営農状況に合わせて吸収し、また普及も農業者の主体的な意思決定によって技術選択がなされるように差し向けていかなければならない。なぜならば、自分の圃場環境や利用できる資源の存在は、その圃場で活動する農業者しかわからないからである。

　また、農村コミュニティも構成員が協働してともにその方向へ足並みを揃えていくことが重要である。資源や環境は域内で共有されているからであり、環境再生型農業は地域の相互理解と認識がなければ決して進まないだろう。

注と参考文献
（1）地球温暖化の原因と仕組みについては数多くの文献が存在するが、本章ではWWF（世界自然保護基金）がWebsiteで公開している記事「地球温暖化とは？温暖化の原因と仕組みを解説」を参考にした。https://www.wwf.or.jp/activities/basicinfo/40.html（2021.12.5）
（2）農地から発生する温室効果ガスのメカニズムについては、「農地から発生する温室効果ガスを削減する」を参考にした。http://www.naro.affrc.go.jp/archive/niaes/magazine/152/mgzn15212.html（2021.12.5）
（3）農地における二酸化炭素などの吸収と排出のメカニズムについては、農林水産省から発表された資料「農業と地球の温暖化について」（平成19年11月30日）を参考にした。http://www.maff.go.jp/j/council/seisaku/kikaku/kankyo/02/pdf/data1.pdf（2021.12.5）
（4）同上の資料を参考にした。
（5）同上の資料を参考にした。
（6）IFPRI（2009）*Climate Change: Impact on agriculture and costs of adaptation*, Food Policy Report, 30p.
（7）IFPRI（2021）*Climate Change and hunger: Estimating costs of adaptation in the agrifood system*, Food Policy Report, 62p.
（8）農林水産省（2021）:「みどりの食料システム戦略」。戦略では農業の生産力向上と持続性の両立を目指し、農林水産業から排出される二酸化炭素のゼロエミッション化、肥料・農薬使用量の大幅な低減、地球にやさしいスーパー品種等の開発・普及、農地・森林・海洋への炭素の長期大量貯蔵、機械の電化・水素化など資材のグリーン化、次世代有機農業技術の確立とその耕作面積の拡大などを掲げている。
（9）Jacek UZIAK, Edmund LORENCOWICZ（2017）Sustainable Agriculture-

Developing Countries Perspective, *IX International Scientific Symposium "Farm Machinery and Processes Management in Sustainable Agriculture"*, Lublin Poland, pp.389-394.

(10) Union of Concerned Scientists（2021）What is Sustainable Agriculture? https://www.ucsusa.org/resources/what-sustainable-agriculture（2021.12.8）

(11) Gosnell, H., Gill, N. & Voyer, M.（2019）Transformational adaptation on the farm: Processes of change and persistence in transitions to 'climate-smart' regenerative agriculture, *Journal of Global Environmental Change*, 59, United Kingdom, pp.1-13.

(12) Ken E Giller and Others（2021）Regenerative Agriculture：An agronomic perspective, *Outlook on Agriculture*, XX（X）, pp.1-13.

(13) David R. Montgomery（2017）*Growing a Revolution: Bringing Our Soil Back to Life*, W. W. Norton & Company Inc., デイビッド・モントゴメリー著、片岡夏実訳（2017）：「土・牛・微生物―文明の衰退を食い止める土の話」、築地書館、345p.

(14) FAO/WHO, *Codex Alimentarius Commission*, 1999.

(15) K.E Gillerらは、環境再生型農業に関心をもつ農学研究者などが議論すべき項目として次の5つの質問を提起している。①環境再生型農業が解決すべき問題とは何か②そもそも再生されるとはどういうことか③いかなる農学のメカニズムが再生を可能にしまた助長するのか④現場でこのメカニズムは経済的および社会的にも自立できそうな農法に結びつけられるのか⑤いかなる政治的、社会的および経済的な諸力が新しい農法の利用に働きかけていくのか。

(16)（一財）ササカワ・アフリカ財団「新5カ年事業戦略2021-2025」 https://www.saa-safe.org/jpn/（2022.1.04）

(17) 例えば、（国立研究開発法人）国際農林水産業研究センター（JIRCAS）は、国際農林水産業研究成果情報2005において、林慶一などによる「西アフリカ・サヘル帯農地の土壌肥沃度管理の現状」と題した研究成果を公表した。この研究では、調査地における農地の肥沃度管理には、集約的方法と粗放的方法に分けられ、前者は現地で供給可能な有機物の種類により、さらにリサイクリングシステム（家庭ごみ及び厩肥）及びコラリングシステム（家畜を夜間に繋留し糞尿を畑に還元）に分けられ、後者は休閑システムであって3年の休閑と6年のトウジンビエ栽培の組み合わせが主体となっているという。このうち休閑システムの分布割合が最も高いが、低肥沃度土壌のため収量が低く肥培管理の改善の必要があるなど、興味深い結果が示された。

第4章　農業普及と農業開発

1．はじめに

　農業普及とは、元来、科学的研究の成果や有益な知識・情報を農業者へ研修・訓練を通じて農業の実践の場に適用させ、農業生産性と農家の所得の向上に寄与することを目的とする。農家レベルでの食料増産と貧困削減のためには、文字通り不可欠な活動である。わが国農林水産省の定義によれば、「普及事業とは、都道府県の専門の職員が直接農業者に接して農業技術・経営に関する支援を行う事業であり、農業生産性の向上や農畜産物の品質向上のための技術支援、効率的・安定的な農業経営のための支援、農村生活の改善のための支援を国と都道府県が協同して行う」としている。

　研究 – 普及 – 教育が一体となった農業技術の農業者に対する指導が中心となるが、農業者・農家を取り巻く状況の変化にともない、これにとどまらず農産物に対する付加価値の付与（加工、安全性の認証等）や流通・販売、農業経営の分析やビジネス起業化などの指導、若手後継者や女性の育成、地域としての農村振興なども、農業普及の活動範囲として広がっている。

　普及の対象者は、農業者とそのグループおよび農村コミュニティの人々など何らかの形で農業に関わる人々であり、他方普及を働きかける側は、農業普及員、地方行政者、民間サービスプロバイダー、その他農協など農業関連団体の営農指導員などである。個々の農業者とそのグループ、農村コミュニティから直面している問題を提起してもらい、普及の対象者と働きかける側との間で解決すべき課題に整理して、その解決のあり方について互いに相談

しまた提案し合って、解決に向けた具体的な方法を試行していく。あるいは働きかける側が、新しい技術や知識および情報を対象者に紹介、実験圃場で新しい技術を展示して、対象者に技術習得のための研修を施していくなど、普及の方法やプロセスには、状況に応じた様々なバリエーションがある。

　途上国では、国際協力により普及活動を支援してもらうケースも多い。途上国は、農業開発のための効果的な普及の方法と内容、普及のシステムとプロセス、普及モデル、さらには普及人材と農業者の育成などをめぐり、多くの課題を内包しており、その解決のためにどのようなアプローチが適切なのか、これまでにも種々に議論されてきた。ただし、そのときどきに与えられた農業を取り巻く環境、資源の賦存状況、営農上の制約条件、新たな技術や知識の利用可能性などの変化によって、課題や解決方法の優先度、技術選択の基準などは変化し、これにともない普及のあり様も変化していく。また経済発展の段階によっても、問題の現れ方や課題解決のアプローチが異なってくる。

　本章では、普及の対象となる農業者およびそのグループと普及を働きかける人材に焦点を絞り、途上国において普及技術が農業者などに受容されるための条件を明らかにするとともに、ICT活用による新たな普及方法とそこに内在する課題を整理することとする。

　以下、2．では、途上国の農業開発における普及の意味づけについてあらためて確認する。3．では、農業者が新しい普及技術を採用するための動機づけと普及を働きかける人材の要件について述べる。4．では、ICTを用いた新たな普及方法と課題について整理する。5．では、主要な論点について総括する。

2．農業開発における農業普及の意味

　農業開発が、農業者およびそのグループをはじめ、農業普及員、行政担当者、農業投入財の供給から農産物の加工、流通・販売に至るまでの多様な業

務を担う民間セクター、金融関係者、情報提供者、NGO、研究機関、教育・研修機関など、さまざまなステークホルダーが互いに協働し合って進んでいくことはいうまでもないが、農業自体を主体的に進めていくのが、農業者およびそのグループであることに異論はないだろう。

　農業者およびそのグループは、自ら所有あるいは借地として利用できる農地を使って、何を（栽培の対象とする作物）、何を使って（技術、情報、農業投入財など）、どのようにして（栽培の方法・手段）、どれくらい（生産量、家族向けと市場販売向けの配分）生産するかを、自らの経験と知識、必要に基づき、また想像力や創造力を働かせて、決定していかなければならない。

　一方で、灌漑や排水および圃場など農業生産の基盤整備、土壌の改良、農道等のインフラを整えなければならず、市場への販売量を増加させるとなれば、農業者のグループによって農産物の集出荷、貯蔵、輸送などを進めていかなければならない。市場での交渉力を高めていくためには、産地の形成、ブランド化を同時に進めていく必要が出てくる。

　もとより農産物を生産する立地や賦存する自然資源は地域によって異なり、また個々の農家ごとに農地の規模や性質、利用できる労働力、資金や技術、さらには市場へのアクセスが異なるので、農業の展開方法や営農の目的は農家によって自ずと異なり、またその経済的成果や今後の方向性についても異なってくるであろう。

　農家間、地域間で農業生産の多様性や経済格差が生じるのは当然のことであり、その多様性を認めたうえでいかに格差を是正していくかは重要な政策課題であるが、農業開発を前へ進めるために農業普及の視点でいえば、農業者およびそのグループが研修や訓練を通じて技術・知識の吸収能力を高め、それを自分の圃場で試行して生産性を向上させ、また有利な流通・販売方法を見出して所得の増加につなげていくことが何よりも強く求められる。新たな技術の採用は、それまでの農家レベルにおける農業生産システムや経営様式、土壌や水などの資源管理、農産物の集出荷や流通・販売方法を大きく改変させることにつながる。その改変がまた、農業投入財の供給や金融、市場

のあり方、情報の提供とその利用の仕方など、農業を取り巻く周辺環境の変化と整備を誘発することにもなる。

　古い文献ではあるが、A.T.Mosherはその著書"Getting Agriculture Moving"（1966）のなかで、農業開発を前進させていくためには、これまでの農業の生産過程を変えること、農業者の態度を変えること、個々の圃場の性質を変えること、そして個々の農業経営において収入とコストの関係を変えることが必要とした[1]。そしてこの変化を促すのは、基礎要因（Essentials）として、農産物市場の広がり、新しい技術の提供、農業投入財の入手、農業者へのインセンティブ供与そして輸送施設であり、またこれを補完する促進要因（Accelerators）として、開発教育、信用の供与、農業者グループ活動、圃場の拡大と改良、農業開発計画を取り上げた。

　個々の農家において、生産性と所得の向上を図ることが目的として設定されるのであれば、農家にはこれまでとは違う農業生産システム、農業に取り組む姿勢や態度、圃場の構造改善、収益性拡大のための経営改善に向かうことが求められ、そのために基礎要因と促進要因が適切に組み合わされて現場に反映させていくことが必要になる。いうまでもなく、基礎要因と促進要因の組み合わせやその具体的な内容の展開方法にしても、農業開発の進展や農業を取り巻く社会・経済的環境の変化などによって大きく異なるであろうし、それによる農家の行動変容もさまざまであろう。

　例えば、増収が期待できる新しい作物の品種が作出された場合、それを使用してその潜在力を最大限に引き出すためには、土壌の改良、用水の確保、圃場の整備、肥料や農薬の投入、除草、収穫、農産物の貯蔵管理など一連の技術パッケージが必要となる。さらにその販売となれば、市場が定める規格に基づいた農産物の仕分けや荷分けなどの調整、パッキング、輸送、広報・宣伝なども作業としてこれに続かなければならない。新品種導入のための投入財補助、価格支持などの政策的支援も必要である。これら一連の技術を導入するために、農家には融資や研修、そして知識と情報が必要であり、また共同での集出荷のためにはグループを形成しなければならない。この過程で

用排水施設など圃場インフラの整備を前提として、農家では圃場での作付体系の変化と収入を増加しコストを削減するための経営上の工夫が必要になってくる。そしてこの結果として、農家には生産性の向上と所得の増加が期待されるであろう。

　しかしながら、こうした過程が何事もなく円滑に進んでいくとは考えにくい。新しい技術の導入は、収量や所得の増加といった成果が期待できる一方でそのリスクもまた大きい。病虫害の発生や肥培管理の拙さで思うように収量が上がらないかもしれない。売り上げが伸びず収入以上にコストが嵩み経営が赤字となるかもしれない。融資を受けられても返済ができないかもしれない。また環境生態系に予想しなかったダメージを与えるかもしれない。こうしたリスクや不確実性が大きく見積もられれば、農業者は新しい技術の採用に躊躇するのも当然であろう。

　新しい技術の導入に際して、主として農業普及員などがファシリテーターの役割を担って農業者へ技術を紹介し相談しながら採用上の課題を探り、課題解決のための提案を行い、ともに試行しながらその技術を個々の農家から地域全体に広げていくのが農業普及である。その過程で農業者が抱えるリスクや不確実性を学習や技術の実地研修によって軽減し、グループの形成を働きかけ、技術定着のために政策の支援や情報の提供によってソフトランディングさせていく。言い換えれば、技術採用にあたり農業者が意思決定を下すための判断材料を提供し、受け入れやすい条件を整えていくのが農業普及の仕事といえよう。しかしながら、それでも農業者は新しい技術の採用には頑なであり、慎重であり続けるだろう。保守的な性向をもつ農業者の態度や姿勢に働きかけて行動変容を促していくことこそが、農業普及活動の核心に据えられるものといえるのかもしれない。

３．普及技術が受け入れられるための要件

　普及技術が農業者に受け入れられるためには、受容できる普及の内容、農

業者の主体性を活かした参加型による技術の研究と開発、そして普及を働きかける主体とそのあり方が、主要な要件になるものと考えられる。

（1）受容できる普及の内容

　農業者が普及技術として受け入れやすいのは、①コストが安価である②使い方が容易である③すぐに効果が現れる④事前に効果が実証済みである⑤技術を補完する資機材を入手できる[(2)]ことに加えて、⑥普及技術の説明がわかりやすい⑦近くにすでに試行した人がいる⑧既存の営農システムに大きな変更を伴わない⑨政策面で補助が与えられる⑩環境や人体にやさしい、などということである。このなかでも特に、コストがかからず、使い方が容易で、効果の発現が速ければ、農業者には受け入れやすいだろう。ただし、現状に大幅な変更を伴わないことが条件である。

　先ほど述べたように、農業者は新しい技術の導入に際して、将来において期待される収益と現に経済的負担や心理的負担の支払いを余儀なくされる投資コストを比較したうえでその採否を決定していくが、どちらかといえば期待収益よりは現在コストを高く見積もる傾向がある。別の見方をすれば、生産性の水準が低くても現状で過不足がなければ、あえて新しいことに挑戦しようとは考えないだろう。あるいは試行してみて想定した期待値ほどには効果が出なければ、たとえコストの負担が低く抑えられたとしても次からは取りやめるかもしれない。ましてや既存の農地利用、作付体系を変更してそこに新規の作物を導入することは、大きな心理的抵抗を伴うことになるだろう。とりわけ農地など生産資源に乏しく、自然環境の変化等といった外部環境の変化に対して脆弱な立場にある農業者とその家族にとって、リスクを伴う恐れがある新しい技術の前では、どうしても二の足を踏むことになりがちである。

　また、たとえ経済的に実現可能として技術の採用に踏み切ったとしても、地域の環境に安全で持続的なものなのか、農村コミュニティに社会的摩擦を引き起こすことなく受け入れられるものなのか、といった側面も考慮に入れ

なくてはならない。

　このように、普及技術を導入するといっても、経済的、環境的、社会的に様々な側面から検討していかなければならず、農業者に受け入れやすい技術というだけでは普及が広がらない。その技術にしても、改良種子や化学肥料あるいは堆肥づくりなど個人にとって分割可能な生物・化学的技術とか環境保全型技術が望ましく、施設や機械といったような工学的技術の導入は、個人レベルで経済的にむずかしければグループでの対応を考えていかなければならない。

　ともかくも、普及技術が農業者に受け入れやすい内容であり、リスクや不確実性が何らかの形で回避ないしは大幅に軽減され、農業者がその技術の有効性を認知してそれに確信をもてば、技術は急速に普及していくにちがいない。

（2）参加型による研究・開発と普及

　普及の対象となる技術の研究・開発のプロセスに農業者を巻き込んでいくのが望ましいという議論は、「持続的な農業開発の実践」（Sustainable Agricultural Development Practice）として唱えられた1980年代以降の一貫した流れである[3]。農業者が要求する技術の開発内容を、農業者から率直に意見や提案を出してもらいながら農業者参加のもとで進めていくというのは、彼らの技術に対する認知度を高め、またその採用を速めるうえできわめて有効な方法である。

　いわゆる参加型農業普及アプローチ（Participatory Agricultural Extension Approach）は、その有効性の是非の検証はともかくとして、これまでにもしばしば取り上げられてきた[4]。このアプローチは、技術の研究・開発と普及のプロセスに、農業者のグループによるミーティング学習、技術の圃場展示および農業者各自の圃場での試行、先進地の視察など研修と活動を組み合わせることで、技術普及の効果が高まるであろうとの前提に立っている。あくまでも、農業者グループの主体的な動機に基づく発案と計画、

実行と評価をベースにしており、農業普及員は、農業者への動機づけとグループ形成のための働きかけを行い、グループ活動に対するファシリテーターとしての役割を果たすことが求められる。

　ここでは、個々の農業者が営農上でどのような問題を抱え、その解決のためにどのような技術や知識および情報を必要としているのかを、グループ内で共通の課題として取り上げて議論を重ね、問題の性質を明らかにしその解決策をともに考え、それを実際に圃場で試行していくということが核心的な課題である。とはいえ、グループ単独では問題を科学的に解明して有効な解決策を導き出していくことが困難であることから、農業普及員が仲介役となって、研究者、行政担当者、技術専門家、農業投入財のサプライヤーなどとつなぎ、そこからの助言や勧告をまとめてグループの研修や活動に反映させていくことが必要である。助言や勧告をもとにして問題の性質と解決策に対するグループ内での共通理解が深まり、得た技術や知識を現場に活かしていくことになる。新たな問題が見出されてその解決策を検討しなければならなくなった場合には、その都度、農業普及員から助言や勧告さらには処方箋を追加して求めることになろう。

　このように農業者およびそのグループが、問題の発見と解決のために主体的かつ能動的に学習やミーティングを重ね、外部からの働きかけにより研修や活動を通じて新しい技術や知識を学んでいくというプロセスは、文字通りアクティブ・ラーニングの手法そのものである。この過程で農業者の自己啓発と能力の開発が進み、またグループ活動の自己管理能力なり組織のオーナーシップは高まっていくであろう。

　こうした参加型による研究・開発と普及により、農業者はグループ活動を通じて、普及技術の採用に対する不安や負担が大幅に緩和されていくにちがいない。そのためには、グループ内だけではなくほかのグループとの間、さらには農業普及員を介した行政、研究、民間などの協働者に対して、農業者およびそのグループがどのようにコミュニケートしていくかが、きわめて重要な決め手になるものと考えられる[5]。

　参加型による農業普及とは、つまるところ農業者およびそのグループと農業普及員、協働者がともに語り、ともに働き、相互に学び合い、新しい技術や農法を提案するということに尽きる。この過程で、農業者とそのグループは、一緒になって行動することで、気づき、ひらめきが発現されていくだろう。しかしそうであっても、地域の与えられた自然、社会および経済の環境と制約のなかで、自己の営農をどのようにすべきかについて有効な決定を最終的に下せるのは、もとより農家自身である。

（3）普及を働きかける主体とそのあり方

　公的な立場にある農業普及員が普及を働きかける主要な主体であることはいうまでもない。農業者およびそのグループの主体的参加による研究・開発と普及を前提にして考えれば、農業普及員としてのあり方は、繰り返しになるが、農業者およびそのグループとのコミュニケーションに基づく相談と提案、利用可能な技術に関する知識や情報の提供、協働者とつなぐファシリテーターとしての役割である。そのほかにも様々な役割をもつ。例えば、グループから選出されたリーダーに対してグループ内の意見を調整しまとめ上げていく能力を育てていくことであり、個々の農業者がリーダー主導のもとで自由にアイデアや意見が出せる雰囲気をつくっていくことも農業普及員の重要な役割である。また、そうしたアイデアや意見を含め、農業者が有する既存の知識や経験知あるいは暗黙知を記録し、新しく技術を導入する際の有力な導き手として活用するのも農業普及員の仕事である。そして何よりも、農業普及員が農業者とそのグループから尊敬される資質をもっていなければならない。

　しかしながら、現実問題として、途上国では農業者数に比べて農業普及員の絶対数が極端に少なく、また業務量のわりには給与の支払いが少なくて農業普及員のインセンティブが働きにくいという側面があることはしばしば耳にする話である[6]。待遇面だけでなく、業務の内容が農業普及に加えて地方行政に関わる案件の処理などにより多忙をきわめるために、技術や知識を

習得するための研修、農家訪問や情報収集に割く時間がなかなかとれず、また農家を訪問して相談にのるにしても移動のための手段が不十分である。農業普及を取り巻く勤務条件の改善は喫緊の課題であるが、予算の制約もあって農業普及員の増員など容易なことではない。

　農業普及員が不足となれば、ほかの手段で補強していかなければならない。農業者のグループ内あるいは異なるグループ間同志で自発的に技術講習や情報交換を行うことも有力な選択肢の一つである。あるいはわが国の農協のようにコミュニティをベースとした農業者組織を形成し、そこに営農指導員を配置して技術を普及していくアプローチも考えられる。そこでは、農業投入財の供給や農産物の貯蔵と加工、輸送のサービスの機能を併せ持つことで、普及の成果を挙げることが期待される。しかしながら、そこまでの機能が果たせるグループや農業者組織が途上国にどれほど存在するのか、実際のところは大きな疑問が残る。そういうなかでも、農家による自発的なグループが上述した諸々のサービスを農業者へ施すことをビジネスとする事例も出てきた[7]。農業者、農家あるいは地域の単位によって組織化された何らかのグループが、国内外のNGO、地方政府や民間セクターからの支援を得て、幾度となくミーティングを重ね、自らの手で事業を企画・立案し実施していけば、自分たちで何とかしなければならないという自立性とオーナーシップが高まっていくであろう。

　最近では、民間セクターによる農業普及サービスの提供に積極的な動きがみられる。その内容は、新しい技術の紹介と指導、そのために必要な資機材の販売、融資、収穫した農産物の買い取りなどであり、民間セクターから農業者へ働きかけるというよりは、農業者が必要に応じて供給される一連の普及サービスに対して相応の対価を払うというdemand-drivenの形態である。これは一つには、経営規模の大きい市場販売を志向する農業者が高付加価値農産物の生産で利益を上げるために、その生産性向上や販売ノウハウの確保のために必要な情報や技術を必要とするからである。また、農産物の加工と販売を手掛ける民間セクターが、農業者グループと契約栽培を通して、資機

材の供給、技術の指導を行い、農業者グループとの間で価格と数量、品質と規格に関する一定の条件を取り決めて、原料農産物を買い取るという方式もある。これは農業普及とはいえないが、民間主導による技術の供与なり移転の一つの形態であることにはちがいない。

　そうした民間セクターの動きを考慮に入れれば、公的な立場で遂行する農業普及事業は、普及の対象を小規模で生計維持的な農業を営んでいる零細な農家に絞り込み、合わせて自然資源／環境の保全にも取り組む方向へ努力を集中していくことが必要となる。

　以上みてきたように、農業普及員に加え、民間セクター、農協のような農業者組織、国内外のNGOなどが普及を働きかける主体となり、普及の対象、目的、方法や農業者への関わり方にはさまざまに違いはあるものの、それだけ普及システムが多様化し、農業者にとっては普及サービスの選択肢が広がったことを意味する。ここで重要なことは、それぞれが別々のアプローチや行動をとるのではなく、相互に連絡を取り合い、情報を共有しつつ農業普及の活動を状況いかんによっては相互に連携させていく柔軟性を保持し続けていくということである。人材、資金、ノウハウ、経験、人的ネットワークなどに違いが存在すれば、普及を働きかける主体が、それぞれの強みや弱みを出し合い不足する部分を互いに補強・補完しながら、農業者への技術普及や組織形成を進めていくべきである。その点でいえば、ICTやSNSの利活用が働きかける主体の間を結びつける強力なツールとなりうる。

4．ICTの利活用と内在する課題

　ICTやSNSの利活用が、普及を働きかける主体間の連携を通じ伝達する技術情報の拡散と広域化、さらには農業者の技術導入と経営改革に関する相談と提案にとって有効な手段であることはいうまでもない。端末を利用できない一部の農業者を除いて、農業者は低廉かつタイムリーに有益な情報を享受でき、ICTの遠隔操作による技術講習が可能となり、ウェビナーを通して相

談に応じてもらうことができる。とはいえ、マーケットの動向や気象の変化を含めたさまざまな情報の提供や相談、それに付帯するサービスがすべて無償というわけにはいかない。そうなれば、農業者は対価を支払ってでも民間セクターのAdvisory Servicesによる情報の取得、個別的な技術の指導、経営の相談を受けることになろう。

その一方で、公的機関による農業普及は無償で、従来通りの農家訪問によりサービスを提供するとしても、事業の継続には多額の予算を必要とし、その制約のなかで農業普及員を増員するわけにもいかない。そもそも農業普及員の能力向上には時間もコストも要する。農業者との対話、面談による普及方法は継続するとしても、ICTやSNSとの併用は避けて通れない。無償による対面での普及サービスの提供にも自ずと限界が出てこざるをえず、遅かれ早かれ、有償の形態をとるかもしれない。その結果として、サービスへの支払いが可能な農業者とそうでない農業者との間で普及事業アクセスへの格差が生じ、また広がっていくという大きなジレンマに直面することになる。農業の経営者が女性で、営農資金など利用できる資源に乏しくICTやSNSが使える環境になければ、ジェンダー・バイアスを深めることにもつながりかねない[8]。

したがって、既存の公的な農業普及事業に対して政府開発援助が活動継続のための資金を支援するとか、農業者グループによる自発的な普及への取り組みにあるいは公的な機関に代わる国内外のNGOの活動に対して、国際機関なり民間支援団体が資金供与のバックアップを行い、小規模農家向けに無償で普及サービスを提供できる仕組みを構築していくことが必要である。そうしなければ、対面やICTによる普及サービスにアクセスできず、また経済的にも余裕がない零細な小規模農家や女性の経営主は取り残され、そのことが農村の貧困者をさらに増加させることにもつながりかねない。特に、サハラ以南アフリカの低所得国ではこの問題がさらに深刻化していくであろう。

普及の方法に、参加型による技術導入および経営改善に向けた相談と提案および試行と評価が、全面的にICTによって置き換えられるとは考えられず、

状況によってICTの利活用により効率的で効果が上がる場合と従来のように対面型による農業普及活動が適した場合があり、さらにはその両方の組み合わせが最適という場合もあるだろう。また普及対象として向き合う農業者の営農の規模や性格により、普及のあり方がICT利活用型か対面型の選択を迫ることもありうる。ただし普及が民間セクターによるか公的機関によるかは、普及の内容、速度、利用可能性、受け入れやすさ、支払いの有無やその程度などにより、農業者によって対応が大きく異なる。この結果として、農業普及の方法も次第に複雑で多元的なものへと変化していくことになろう。

さらにはICTの利活用を含めいかなる普及方法にインパクトがありまた効率的であるかは、現行の普及事業をさまざまな角度からモニタリング、さらにはデータを集め定式化した計量モデルを使い、普及に要したコストと普及がもたらす収入との比較考察から計測する手法などを用いなければならないが、前提条件の違いや時系列的なデータの不足により容易には計測できない[9]。したがって、普及事業が展開されている地域や対象者を特定して、周到なモニタリング調査により、いかなる条件のもとでどのような方法によればどれくらいの効果が発現するのかを、丁寧にフォローアップして調査していくことが望ましい。

結局のところ、ICTか対面かを問わず普及事業が目指すべきところは、農家が自らの営農条件に照らして、これまでの伝統的な農法に新しい技術やイノベーションをどのように取り入れて組み合わせていけば、すぐれた営農計画を立案でき、土壌や水など希少な資源を有効活用し、農業投入財を効率よくまた適切に利用して生産性を高められるかに行き着くであろう。長期的に見通せば、環境に配慮し社会的に受け入れられて、経済的に自立できる持続的な農業の確立、いいかえれば農家が総合的農業経営（Integrated Farm Management）へ向かうことこそが、農業普及の最終的な目標なのかもしれない[10]。

4．おわりに

　農業普及は、農業の生産性と農家の所得の向上のために、新しい技術の導入と知識・情報の提供を通じて農家への技術定着を目指すものであるが、農家によって農業に利用できる資源や経営の諸条件が大きく異なり、一定の速度と広がりでもって農村コミュニティ内の農家の間に均一に技術が広がっていくわけではない。農家のなかには、出稼ぎによる送金や多様な就業機会により、農業よりも農業外の収入のほうが農家所得に対する寄与度が高いところもあろう。したがって、農業普及戦略の一つの考え方として、営農意欲や経営能力が高い農業者やグループに普及の努力を集中させて効率を上げ、一定の成果を出して、そこをモデル拠点にしてほかのグループやコミュニティに広げていくという戦略が考えられる。財源や人員が不足するという制約のもとで、多様な広がりをもつ地域と農家をすべて対象とすれば、普及事業の効率が低下するのは避けられない。そこの部分を補強していくのがICTやSNSを駆使した技術情報の一律的な発信と指導および相談ということになる。ICTやSNSなどによる遠隔操作での指導を受けられない地域や農家は農業普及員による対面で実施するほかないが、農業普及員だけでなく農業を取り巻くさまざまな協働者との連携による多元的かつ重層的なアプローチを用いていくべきであろう。

　技術を普及していくためには、普及を働きかける側が、普及の対象者である農業者やグループの営農を取り巻く諸条件と農村コミュニティの地域の資源および環境のあり様、社会ネットワークを熟知したうえで、農業者やグループに意思決定を促す材料を提供することが重要であり、農家に寄り添いながら相談し提案していく姿勢が求められる。他方、農業者やグループは、普及技術の内容とその採用で予想される効果についてよく学び、技術を試行してその結果から学ぶ探究心が求められる。

　いずれにせよ、普及の対象者、普及を働きかける側の双方ともに、普及の

対象となる技術の内容およびそれを受け入れる条件をよく知り、農家が自らの営農システム改善に向けた能力と意欲が高まるよう仕向けていくことが農業普及の必要条件といえるのである。

注と参考文献

（1）A.T.Mosher（1966）*Getting Agriculture Moving：Essentials For Development and Modernization,* The Agricultural Development Council, Inc. Frederick A. Praeger, Publishers, 191p.

（2）福田浩一（2003）：農業普及研究の基本的課題への一視点―イノベーションの種類・具備する条件と普及速度の検討を中心に―、農村研究、96号、東京農業大学農業経済学会、pp.50-60.

（3）Participatory Research, Development and Extension? Sustainable Agriculture, *AgriFutures*, Oct.2016, Australia, https://extensionaus.com.au/extension-practice/participatory-research-development-and-extension-sustainable-agriculture/（2022.4.13）

（4）Anandajayasekeram Ponniah, Ranjitha Puskur, Sindu Workneh and Dirk Hoekstra（2008）Concepts and practices in agricultural extension in developing countries: A source book, *Improving Productivity and Market Success（IPMS）of Ethiopian Farmers Project International Livestock Research Institute（ILRI）,* Addis Ababa, Ethiopia, 270p.

（5）研究者、技術専門家、農業普及員およびコンサルタントを、研究・普及の協働者としてネットワーク化しそこに参加していく仕組みは、Agricultural Knowledge and Information System（AKIS）として知られている。AKISを通して個々の農家へ新しいアイデアや技術の移転がどれほど速まるかはネットワークの構造と構成メンバーの力量に依存し、そのことが技術の移転を加速するAKISの能力に大きなインパクトを与えるとされている。Geoff Kaine, Brendan Doyle, Ian Reeve and Jim Lees（1999）Agricultural Knowledge and Information Systems: A Network Analysis, *A paper presented to the 43rd Annual Conference of the Australian Agricultural and Resource Economics Society*, Christchurch, New Zealand, The Rural Development Centre, University of New England, pp.1-31.

（6）Simon Burgess and Marisa Ratto（2003）The Role of Incentives in the Public Sector: Issues and Evidence, *Oxford Review of Economic Policy*, Vol.19, No.2, pp.285-300.

（7）例えば、（一財）ササカワ・アフリカ財団が起ち上げたフードバリューチェーンのモデルで、ウガンダの農村各地に設置されているワン・ストップ・セン

ター（One Stop Center Association）は、農業者のグループが運営するコミュニティに根ざしたセンターであり、2001年以降商業的に採算がとれる形で、地域の農家に対して、農業投入財の供給、農産物加工、貯蔵、マーケティングなどのサービスを行っている。このセンターに対して、ビジネスとして事業を継続できるようササカワ・アフリカ財団からサポートが提供されている。

（8）G.W.Norton, and Jeffrey Alwang（2020）Changes in Agricultural Extension and Implications for Farmer Adoption of New Practices, *Applied Economic Perspectives and Policy*, Vol.42, No.1, pp.8-20.

（9）W.E, Huffman（2016）New Insights on the Impacts of Public Agricultural Research and Extension, *CHOICES*, Vol.31, No.2, A Publication of the Agricultural & Applied Economics Association, pp.1-6.

（10）Integrated Farm Management, https://leaf.eco/farming/integrated-farm-management（2022.4.16）

第5章　農業の商業化と生計戦略

1．はじめに

　農家が生計を維持ないしは生活に必要な財やサービスを購入するには、一定の所得確保が必要となり、そのためには農産物およびその加工品を生産し販売することが必然化していく。農家を世帯レベルで考えれば、世帯員の各自がさまざまな形態の就労により現金を稼いでいかなければならない。前者はフードバリューチェーン戦略に、また後者は生計（Livelihoods）戦略にそれぞれ対応していくものである。

　農家が生産物（農産物とその加工品）と生産資源（労働力）の双方で市場経済に深く関わっていくのは、いうまでもなくマクロ経済の発展と市場の自由化・開放化、都市化の進展などを背景として、都市部を中心とした高・中所得層の肥大が食料に対する消費を増大させまたそのパターンを高度化、多様化させていくからであり、他方で国内の民間企業や海外からの投資企業が市場の拡大に伴い投資を活発化させ、その過程でさまざまな雇用の機会を創出していくからである。

　とはいえ、食料消費の構造変化や雇用機会の創出が農業と農家を市場経済へ向かわせる起点とはなっているものの、農業が商業化へ向かうかどうかは、農家を取り巻く社会・経済的環境の変化と利用できる諸資源を考慮しつつ、あくまで農家自身の主体的な意思と判断に委ねられる。また農家にしてみれば、その目的は家計の維持と家族労働力など資源の有効活用であり、結果として農家所得の向上（＝貧困の削減）を目指すことになる。他方では、そうした積極的な側面だけでなく、種子や肥料など農業投入財の購入、圃場や施

設の整備等に伴う負債の返済あるいは生活資金の不足のためにキャッシュを確保する必要に迫られ、その対応に市場経済に巻き込まれざるをえない状況も出てくる。

　生活のために自給的な農業を営んできた小規模な農家が、農業の商業化（Agricultural Commercialization）へ向かう動機と目的およびその過程や経路、もたらされる成果（Outcome）、そこに生じるリスクと負担は、それぞれの農家の与えられた諸条件によって大きく異なるであろう。また農村の内外にあって多様な就労の機会が存在するかぎりにおいては、農家の世帯員がさまざまな業種に従事して家計を助けようとするであろう。もとより自給的農業だけで生計を維持している農家が数多く存在しているとは考えにくく、農家は何らかの形で市場経済と関わりをもっているのが現実の姿である。

　農家が実際に市場志向の農業を目指そうとすれば、作物の選択、生産資源の配分と組み合わせ、農業投入財の調達、技術の習得、農産物の貯蔵、輸送および販売方法までを自ら計画し実施していかなければならず、また販売農産物と購入投入財の価格、農地、労働など生産資源の要素価格、市場の動向、気候変動などの情報やそれらの予測について知らなければならない。商業的農業には、収益に対する期待がある一方で、それに伴うリスクや障壁についても見積もる必要がある。したがって農業の商業化がどのように展開していくかは、意思決定と経営判断を行う農家に留意しつつも、その条件と過程について見通しを与えておかなければならない。

　本章では、農家レベルにおいて農業の商業化へ向かう動因と過程および成果とそこに潜在する課題を整理するとともに、2000年代に盛んに議論された生計戦略についてあらためて見直し、農業の商業化と並行させてそれが農家の経済と生活にいかなる意味をもつのかを問うてみることにする。

　以下、２．では農業商業化のメカニズム、商業的農業発展の条件およびそのアプローチについて論点を整理する。３．では生計戦略の概念的枠組みを明らかにし、またその融通性と集団化について論じる。４．では全体を総括することにする。

２．農業の商業化とその過程

（１）農業商業化のメカニズム

　農業の商業化とは、生産した農産物の販売と農業投入財および生産資源の購入を通じて、次第に市場との関わりを強めていく過程ということができる。ここでいう生産資源の購入とは、自分が保有する生産資源に加えて、生産を拡大するために労働力を雇用、農地を借地、営農資金を借り入れるということであり、またより広く解釈して技術上のアドバイスや情報の提供も生産資源となり、これらに対価を払うこと自体も商業化の過程に含まれる。

　小規模農家による農業商業化の決定因とその帰結を示したのが**図5-1**であ

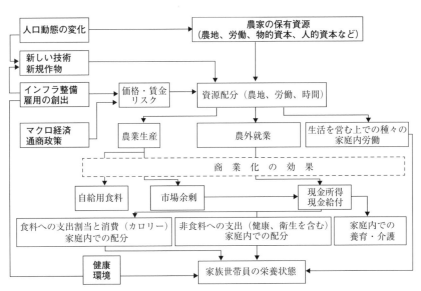

図5-1　小規模農家における農業商業化の決定因とその帰結

注：太字は農業商業化の決定因、細字はその帰結を表している。
出所：Annex 6, Jaleta et al.（2009），adapted from von Braun et al. 1991, Jennifer Leavy & Colin
　　　Poulton（2011），*Small farm commercialisation in Africa: Reviewing the issues*, p.15 所収を
　　　もとに筆者が加筆。

る[1]。この図のなかで、太字は決定因、細字は帰結として表される。農家人口の変化、すなわち世帯員数の増減なり世帯員の年齢構成やジェンダー関係は、農家が保有している生産資源の利用に影響を及ぼし、新しい技術とか新規作物の導入は生産資源の配分パターンを変えていく。またインフラの整備、雇用機会の創出、マクロ経済および通商政策は、（農産物の）価格、労働賃金、リスクの変化を通じて、生産資源の配分パターンに影響を与える。生産資源は、農業生産、農外就労、生活維持のための家庭内労働に配分される。その結果として、収穫された農産物は直接家庭に仕向けられると同時に余剰分は市場へ販売され、農外就労で得た賃金とともに農家の所得を形成する。その所得でもって不足する食料を含めた財や教育、医療、養育ならびに介護などのサービスを購入する。それと相まって健康と生活環境への配慮が農家世帯員の栄養状態の改善をもたらす。

　以上がこの図の示すところであるが、人口の増加、市場の拡大、新しい技術と作物の導入、マクロ経済や通商政策が外部要因となり、生産資源の再配分を通じて農家による農業の商業化が推し進められていくという構図である。農業の商業化は、農業だけでなくフードサプライチェーンを通じて、農産物の加工、貯蔵、輸送、市場流通、販売などほかの部門との関わりを深めていく。フードサプライチェーンを支えるための物的インフラの整備、金融や教育・訓練など制度インフラの整備が農業商業化のための重要な前提条件である。その過程で農村の内外で多様な雇用の機会が創出され、それが農外就労の場となって追加的な所得を産み出す。ここでは、商業化に伴う最終的な成果の帰結を栄養状態の改善としたが、農家の所得向上に伴う支出の優先度が緊急性に応じて決められていくのは当然のことであり、貧困な農家世帯にあっては栄養水準の向上とともに健康の維持に高いプライオリティが与えられよう。

　ただし、こうした過程がこの図の示す方向へ進むとは限らない。例えば、農産物価格と生産資源の要素価格を決定する市場が、情報の非対称性とか市場制度の不備などに起因して不完全なものであれば、もとより価格に歪みが

生じてしまい、それが資源の配分を非効率なものにするであろう。要するに、市場価格が資源の最適配分という機能を果たさないのである。また小規模農家は組織化しないかぎり市場での交渉力が弱く、農業投入財を供給する側からは高く売りつけられ、農産物を購入する側からは安く買いたたかれる[2]。農家に価格の決定権がないこと、市場で農産物が確実に売れるという保証がないこと、気候変動など何らかの理由で農産物の生産と供給が不安定になりやすいこと、必要な労働力や営農資金を調達できないかもしれないこと、取引が途中で中断してしまう恐れがあることなど、農家の立場からみて取引費用[3]が高くつくことも商業化へ向かう大きな障壁となる。

　販売可能な余剰農産物の売渡価格が高く、投入財価格が低いときには、収入が増加し栄養状態など生活の水準が向上するが、その逆の場合には収入が減少して一定の生活レベルを維持するために、生産資源を自給的作物や農外就労に再配分せざるをえない。また状況がよいときには、農地を借地して耕地を拡大し、外部から労働を雇用、資金を借り入れるなどして生産量を増加させようとするが、いったん状況が悪くなれば、利用する生産資源を引き上げて生産規模を縮小しようとする。労働力を土地なし層に依存していれば、かれらの農場での就労機会が閉ざされてしまう。耕地の拡大は、森林の乱伐に起因して生物多様性の喪失や温室効果ガスの発生を招いてしまうだろう。

　おかれている農家の状況にもよるが、小規模な農家が何らかの特定の作物に特化して商品作物を専作することはほとんどない。民間企業との契約栽培とか政府による補助金を使った特定作物への奨励などの事例を除けば、たいていの場合、基幹となる主食作物が安定的に自給されるかもしくは農業外の所得で主食作物を購入することが可能でもないかぎり、商品作物の栽培へ特化するとは考えにくい。主食作物の確保を基礎として生産資源に余裕があれば、商品作物を成長作物として栽培するというのが、通常みられる農家の対応の仕方であろう。農家が農業生産を複合化していくのは、特定の商品作物に特化して生産し販売すれば、気候変動や病虫害などに起因して収量が不安定になり、また市場の価格や販売可能量が変動して経営が不安定になること

を回避するという理由もある。そういう意味では、農家は栽培作物を多様化また家畜の飼養と組み合わせ、気候変動など外部環境の変動に対して適切に対応するというレジリエンスを内在しているといえるであろう。

（2）商業的農業発展の条件

　農家が商業的農業へ踏み出すときに考慮せざるをえないいくつかの制約があったとしても、生活に必要な一定の収入を確保するには、何らかの商品作物を生産して販売しなければならない。そのためには、以下に示すいくつかの前提が満たされていることが条件である。

　第1は、市場で売れ行きのよいあるいは今後売れ行きが拡大しそうな農産物を発見し、それに確証をもつことである。経済発展により1人あたり平均所得が増加し都市化が進展していけば、所得弾力性の高い農産物の需要が増加していくであろう。安全性など品質が保証され、外観に優れて取り扱いやすく、加えて何らかの加工などが施されていれば、需要は着実に拡大していく。また国際市場で一定の輸出需要が見込まれ、しかもその農産物が国や地域のどこかで差別的に生産しうるものであれば、販路が確保される。

　第2に、需要が拡大傾向にある農産物の市場が整備されていることである。市場が整備されていれば取引が活発となり、客観的な情報をもとにした市場での取引量と価格決定の透明性が確保され、農家は安心して市場へ参入できる。また農産物の生産に続く加工、貯蔵、輸送、流通、販売といったフードサプライチェーンの機能が発揮されるであろう。特に地方から都市へつながる道路網が整備されていれば物流が活発となり、市場へのアクセスがボトルネックであった遠隔な農村にも販路の機会が開けてくる。

　第3に、需要の拡大が期待される新規の商品作物を栽培するための技術の導入とその普及が図られることである。技術はパッケージ化されたものもあれば、既存の技術に新たに追加されるものもあろう。技術の導入には、改良種子、肥料、農薬など農業投入財の使用を伴うケースが多い。また技術導入にあたり農業者に対する研修や訓練も必要である。新たな導入技術にはこれ

に付随する灌漑施設の整備とか土壌の改良などが必要であり、環境に配慮した病害虫防除、土壌の保全も考慮に入れなければならない。技術の採用や投入財の調達のためには、融資供与のサービスも整える必要がある。

　第4に、商品作物から利益を生むために農家が経営の感覚と能力を習得していくということである。市場へ消費者ニーズに合致するより高い価値を付与した農産物を出荷して高い取引価格を実現し、その価格水準での販売量を確保すると同時に、技術の効果的かつ効率的な利用を通じて生産コストを削減また輸送・流通コストを節減して、その差額である利益を増加させるという経営マインドをもつことが商業化農業へ向かう重要な要件になる。そのためには経営収支をたえず念頭において情報を収集・分析し、デジタル技術を含めたイノベーションを駆使しながら、新しい動きに常に敏感であり続けることが必要である。

　こうしたなかでも、第4の点は特に留意しておく必要がある。たとえ商業化へ向かう条件が農家に等しく与えられ整ったとしても、農家の間では、市場までの位置、農地、労働力などの生産資源、これまでに蓄積されてきた有形・無形の資産、農業投入財の入手可能性、営農資金や普及サービスへのアクセス、技術習得や経営の能力などに差異があり、またリスク負担能力にも大きな差があるものと考えられる。この差異が農家間で商業化へ向かう速度に違いをもたらすが、先導する農家の成功体験から後続の農家が学び、その過程で地域単位において農業の商業化が広がっていくと考えるのが妥当であろう。

　商業化へどのように向かうかは農家の主体的な経営判断によるが、何を生産し、どのように付加価値をつけ、どれだけの量を、どこへ、どの時期に、どれくらいの価格で販売するかは、農家にとってもおおいに迷うところである。売れなければ多かれ少なかれ負債を抱え込んでしまう。したがって、安心して生産・販売できてなおかつリスクの負担が小さい方法を見出していくことが重要である。

（3）商業的農業へのアプローチ

　このために考えられるのが、農業者の組織化によるグループ対応であり、もう一つはフードサプライチェーンに連なる企業との契約栽培である。このほかにも、国や政府との事前登録制を通じた農産物の全量買い上げならびに買い上げ価格の保証、政府による農業投入財への補助などといった仕組みも考えられるが、政府の負担が大きすぎて途上国ではあまり現実的なアプローチとはいえない。

　農業者の組織化によるグループ対応に関して、よくいわれてきたのが農業投入財の共同購入と農産物の共同出荷である。個々の農家が直面する投入財購入の割高と農産物販売の割安を、共同化によるバーゲニングパワーの強化によって補正していくとともに、購入先と販売先の多角化によって市場に競争的環境を持たせリスクを分散させていこうとするものである。この場合、産地仲買人や取引商の介在を通すことなく、この分だけコストと時間が節約される。またグループは、市場情報を収集、融資先を開拓して低利長期で資金を貸し付けるエージェントを探すほかに、グループ内で農産物を集荷・仕分けし、市場の要求に適合するよう農産物の規格や品質、安全性認証などを統一、新しい技術や新規作物の導入のための研修と学習を進めていくなどさまざまな機能を果たすことが期待される。しかしながら、農業者によるグループ化が容易に進展していかないのも現実である。グループリーダーの不在や力量不足もあるが、情報収集・分析力と活動資金の不足、集出荷や保管の施設、輸送手段の不備、売上高の共同決済と利益の農業者個々への再分配に関わるトラブル、さらにはグループメンバーの遵守すべき規則の違反やいとも簡単なグループからの離脱など、よく聞かされる話である。

　一方、契約栽培は、食品の加工および流通と販売に関わる国内外の企業が、農業者およびそのグループの間で、農産物の購入量と販売量、取引価格を事前に取り決め、企業は農業者に対して農業投入財の供与、資金の提供、栽培上の技術指導などを行い、農業者は事前の取り決めに基づく農産物の生産量

を企業へ契約した価格で売り渡すというものである。双方にとって安定した取引によりリスクを回避し、利益を確保することができる。しかしながら、契約栽培の場合にもいろいろと問題が出てくる。例えば、加工原料農産物の生産ではそれほど問題にはならないが、野菜・果実のような生鮮農産物では、企業が農業者に要求するレギュレーションが厳格になる。規格、品質、安全性はいうまでもなく、定時・定量の農産物出荷、品質保持に配慮した貯蔵管理、規定にしたがったパッキングや輸送など、がそうである。農産物の生産にGAP認証の取得が義務づけられて環境の保全に配慮した農業生産を実施となれば、そのために追加的なコストの自己負担を余儀なくされることも生じる。ただし、契約栽培の場合は、グループ対応と比較して取引費用の負担が軽減されるのも事実である。

　以上、農家が農業の商業化へ動き出すアプローチとして、農業者によるグループ対応および企業との契約栽培について述べてきたが、それぞれ一長一短があり、状況をよく見極めて自己判断していかなければならない。個人としての農家からみれば、それぞれがもつ人的および社会的なネットワークを使った個別的な取引による商業化の展開方法があるはずである。ただし、ここで重要なことは、市場需要が拡大しつつあるにもかかわらず国内で供給が対応しきれずに不足を輸入に依存することになれば、外貨の流出と国内資源の不完全利用を引き起こし、農家が収入を得る機会をみすみす見逃がす事態に陥ってしまうということである。

　市場へのアクセスが良好であり、高い価格で農産物を販売できる環境におかれている一部の農家は、商業的農業を通じて収入を増加させる機会に恵まれて生産規模を拡大、さらには一歩踏み込んで農産物を自ら加工、販売も手掛けることにより農業をビジネスとして展開していく機会を得るかもしれない。その一方で、そうした機会に必ずしも恵まれていない農家は、市場向けの商品作物も栽培するだろうが、生活を維持するために自ら保有するさまざまな資源の利用最大化を求める生計戦略を模索することになろう。

3. 農村世帯の生計戦略

(1) 生計戦略の概念的枠組み

　種々の理由により商業的農業へ踏み切れない農家は、生活に必要な一定の所得を確保するために、多様な就業機会を通じて収入源を多角化させる生計戦略を採用する可能性が高い。地域全体として商業的農業が発展していけば、たとえ自分ではそれを手掛けていなくても、それに関わるさまざまな雇用の機会が創出されるであろう。例えば、大規模な商業的農業を営む農家で労働者として雇ってもらう、農産物の仕分けやパッキング、輸送、加工、販売などフードサプライチェーンに関係する業務に従事する、道路や灌漑施設の改修などインフラの整備とか農業機械の保守点検・修繕に従事する、など多様な雇用先が考えられる。また知識や経験、資格を有していれば、ファイナンスや保険、農業普及などの公務、教員、市場での取引業務などの仕事も入手できる。いずれにせよ、農業の商業化が進展していけば、それを起点とした雇用の乗数効果が引き起こされる可能性は高い。特に、そうした雇用の機会が居住する農村のなかに存在すれば、家族の世帯員が離散することなく生計維持のために農業を続けていくことも可能となる。さらには、小さな雑貨店など何らかの形で自営を兼業するケースも出てこよう。居住する農村に雇用の機会がなければ、出稼ぎ労働者として村外へ出ていくほかなく、出稼ぎ先から家族へ送金することになる。都市近郊や主要な市場から遠隔な農村では、農家世帯員の誰かが出稼ぎで他出するのがむしろ日常的なことである。

　ともかくも農家では、世帯レベルでの収入を最大化するために、世帯員間で労働と時間の配分を行い、また就業と生活を両立させるための協力関係が求められる。一方では、農村コミュニティを維持するためのさまざまなサービス労働に携わる必要も生じてくる。

　図5-2は、Frank Ellis（2000）[4]が作成したオリジナルデータをもとにSOAS（University of London, School of Oriental and African Studies）が

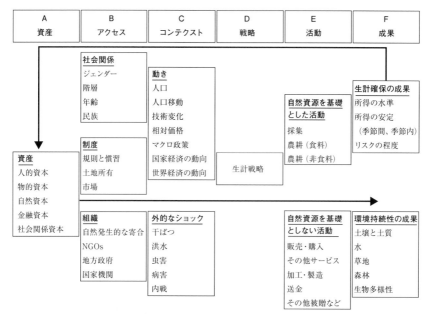

図5-2　農村生計ミクロ政策分析のための枠組み

出所：Frank Ellis F（2000）Rural Livelihoods and Diversity in Developing Countries, p. 30 のオリジナルデータを改変した図（Unit 1 Conceptualising Development, 2.2 The livelihoods framework に掲載されている図2.2.1）をもとに、筆者がそれに一部修正。

再編し[5]、筆者がそれを一部修正して「農村生計ミクロ政策分析のための枠組み」として示したものである。このダイアグラムは、ボックスDの生計戦略がどのような活動（ボックスE）に基づいてどのような成果（ボックスF）を得るのか、そもそも農家を取り巻く資産（ボックスA）にはいかなるものが存在しそれに農家はどのようにアクセス（ボックスB）するのか、さらに生計戦略に影響を及ぼす要素（ボックスC）とは何か、についてそれぞれの相互関係を表すフレームワークとして概念化したものである。

　自然資源の利用を基礎とした活動（採集、農耕）とそれを基礎としない活動（非農産物の製造・加工・販売、諸サービス、送金など）により、生計（所得の確保とその安定、リスクの回避）と環境（土壌、水、森林など）の持続性が確保される。この場合、環境の持続性は農耕と生活の安定を担保す

るものとして成果に加えられる。また所得には、収入だけでなく家族用に生産した食料も含まれる。とはいえ、農業は気候変動と市場価格の変動にたえず左右され、加えて農業生産には季節性がある。状況を悪化させる不利な変化が起これば、農家は所得の減少と不安定に直面し、端境期には食料が不足するといったようなリスクに絶えず脅かされている。したがってこうした不測の事態に備えて、生計維持のためのレジリエンスを強化するために、作付体系、耕畜連携など営農システムの見直しや農業以外の多様な就業が不可欠である。

　生計確保の成果を発現していくためには資産が必要であり、これにはいくらか自己所有しているもの（人的資本、物的資本、金融資本）もあれば、自ずと与えられているもの（自然資本、社会関係資本）もある。これらの資本は自らの努力で加わっていくものであり、また改善されていくものでもある。不足すれば、補充するために借り入れやレンタルの形でこれを提供する市場や組織、社会にアクセスしていかなければならない。また資産が増加していけば、それによって生計戦略の選択肢が増え、生計確保の成果がより大きくなっていく。なおここに掲げた資産のうち社会関係資本は、社会を構成する人々の相互の信頼と協力を基礎として何らかの正規、不正規の組織を形成し、組織内部での情報や意見の交換をもとに生活に困難を来している世帯への支援とか村落共有地の管理など社会的セーフティネットを構築しようとするものである。

　さまざまな形態の資本からなる資産へのアクセスは、ジェンダー、階層、年齢、民族などの社会的属性によって違うが、既存の制度や組織のあり方およびそれらの改善方向に大きく左右されるであろう。前述した社会関係資本に関連する組織の規則、慣習や土地所有制度が、金融資本（生産と生活に関わる資金）とか自然資本（土地）へのアクセスを定めていく側面も確かに存在するが、透明性が高く機能的な市場を構築して、土地、労働、資金および技術に関する要素市場を整備していくことにより、市場への参入と退出を自由なものとする制度設計も必要であろう。ただし市場の不備を補うために、

NGO、地方政府や国家が介入して資産にアクセスしにくい世帯や人々に対して、市場とは別にアクセシビリティを高める仕組みを政策的につくり上げていく必要も出てくる。

　最後に、生計戦略に影響を及ぼす要素を、動きと外的なショックからみてみよう。農家内の動きとしては、世帯員数の増減、世帯員の他出があり、農家に影響を及ぼす周辺の動きとしては、食料の増産や品質改善および機械化による労働力節減を促す技術変化、農産物価格と農業投入財価格の変化、さらには国内外におけるマクロ経済の動きや政策の変化などがある。こうした動きは生計戦略に対してポジティブな側面とネガティブな側面の二面性があり、農家の受けとめ方によりその対応にバリエーションが生じてくる。一方、外的なショックには、気候変動による干ばつや洪水、病虫害の発生、内戦などが挙げられる。これらは、生計戦略自体に大きな見直しを迫る要因となる。生計を維持するためには、家畜や土地など有形資産の売却、出稼ぎ、農村コミュニティからの支援など考えられる限りのあらゆる手段を尽くさなければならない。それと同時に、一方では環境と自然資源が破壊されてその持続性に大きな問題が生じる。こうした外的なショックによる結果が技術の導入によって緩和されることもあろうが、基本的には有形、無形の資産を形成し蓄積して、レジリエンスを日頃から強化しておくことが肝要である。

（2）生計戦略の融通性と集団化

　以上、農村の世帯を対象とした生計戦略について、それを構成する要素の相互関係に留意したダイアグラムを説明した。このダイアグラムは概念化したものであることから、実際の動きとしてはこれに具体的な実像を重ねることによって明らかになっていく。現実はこの単純化したダイアグラムよりもはるかに複雑であり、また時間の経過とともに動的に変化していくものである。生計戦略は、生存そのものの維持と発展に関わるものであることから、与えられた環境と条件のもとで利用できる資産や資源を最大限に活用して、あらゆる機会を有効に活かしながら活動につなげ、一方では外的ショックに

備えていくことがポイントである。生存戦略には、環境と条件が変化していくなかで、さまざまな機会を的確にとらえてそれに挑戦していく主体的な判断と行動が強く求められる。

　いずれにせよ、このダイアグラムは、既存の制度と組織から便宜の供与を受けながら資産形成のためのアクセスを得て有形・無形の資本を蓄積し、それを生存戦略のための活動に活かして、所得の増加と安定、環境の持続性を成果として現出していく道筋を明らかにしている。所得増加の成果はまた、資産の形成と蓄積にも寄与する。生計戦略のための活動が、商業的農業へ傾斜していくのか、それとも農業は自給のための食料作物の生産に留め農村内外の多様な就業の場に向かっていくのかは、農家世帯の状況判断いかんによるであろう。また商業的農業へ傾斜していったとしても、気候変動による災害や農産物価格の下落などの外的ショックに直面してその持続性に問題が生じた場合には、その規模を縮小して農業以外に生計確保の手段を求めていくことになる。

　このように農家は、状況の変化に応じて生計戦略を柔軟に変更する融通性を体現させており、そういう意味では危機管理能力とレジリエンスを内在化しているといえる。そしてティピカルな農家の生計戦略の形態としては、商業的農業、自給的農業、農村内外での多様な就業機会を適切な形で組み合わせ、また出稼ぎ者からの送金や近隣からの被贈などに支えられて、生計を成り立たせている。また農家の世帯内では、世帯員が分担しながらさまざまな活動を行い、協力し合って生計を支えている。

　さて、これまで生計戦略を農家の世帯レベルで考察してきたが、農家はまた居住する農村コミュニティのなかの世帯間あるいは親族関係を通じ、集団で生計戦略をとっていることも当然考えられる。世帯間や親族関係との互恵関係のなかで、個々の世帯がもつ資産を相互に融通しあって利用することもあるだろうし、貧困世帯に対して被贈による現物の補給、労働力の無償提供を協働して行う場合もあろう。また農村コミュニティが有する共有資産（村落共有地や農家寄合で集めたプール資金など）を利用して、活動の幅を広げ

ていくことも考えられる。集団化した親族関係がそのなかに多様な資産を有
し、それに基づく諸活動を通じて集団単位で生計の多様化が達成されている
という事例研究もある[6]。農村コミュニティのなかで集落という地縁集団
と親族という血縁集団がクロスしながら相互に深い関り合いをもつことによ
って、さまざまな生計のレベルにある農家の世帯が取りこぼされることのな
いよう社会的セーフティネットを構築しているのも、個別の世帯を超えた生
計戦略ということができよう。

4．おわりに

　小規模農家のレベルでみた農業の商業化と生計戦略について述べてきたが、
最後にこの二者が農家の経済と生活にどのように連結し、またそのことがい
かなる意味をもつのか、論点を整理することにする。

　農家が市場経済との深い関わりなしでは存続しえない今日において、利用
可能な生産資源の一部を商品作物の栽培のために配分して生産・販売し、一
定の収入を挙げることは生活の維持と安定にとってもはや不可欠となってい
る。商業的農業へ向かうためには、収益性の高い作物の選定と新しい技術の
導入、そのための知識と情報、活動に必要な生産資源へのアクセス、農業投
入財の供給から農産物の販売に至るまでのフードサプライチェーンに連なる
部門や関係者との密接なネットワークが必要である。一方では、不測の事態
に備えたセーフティネットを張り巡らせなければならない。商業的農業は営
利を目的としてビジネス展開していく発展方向を目指そうとするものの、そ
こまでにはいきつかず商業的農業を一部に残しながらも農業と農業外を含め
た多就業形態による生計戦略を選択するケースも出てくる。概念や定義は大
きく異なるが、前者が専業農家、後者が兼業農家という捉え方もできる。そ
ういう意味では、商業的農業の展開いかんが農家の性質や形態を大きく左右
する転換点であるといえよう。展開の方向は、農家を取り巻く社会・経済的
な諸条件に照らして農家による主体的な自己判断に委ねられることになる。

さらにはどちらの選択も取り得ない貧困な農家世帯にあっては、集落と親族をクロスさせたインクルーシブな集団対応による支援を必要とする。そして何らかの所得や収入を得て、栄養、健康、教育、養護、介護などの生活コンポーネントを確保し、人間の安全保障が維持されなければならない。

　商業的農業と生計戦略は、農家のなかでそれぞれが別々に切り離されて存在するのではなく、所得の増加とそれによる生活水準の向上を求めるかぎり、農家は与えられた環境と条件のもと、状況の変化に応じてその結びつきの大きさと強度を変えながら進んでいくものと考えられる。

注と参考文献

（1）この図と説明に関しては、次の文献を参考にした。Steve Wiggins, Gem Argwings-Kodhek, Jennifer Leavy & Colin Poulton（2011）*Small farm commercialisation in Africa: Reviewing the issues, Research Paper 023, Future Agricultures Consortium*, 94p., Further information about this series of Working Papers at: www.future-agricultures.org.

（2）この点はこれまでにもさまざまに論争されてきた。農産物を購入する側および農業投入財を販売する側の双方ともに少数の企業によって市場を支配（寡占）しているのではなく、関連する企業が競争的に参入して、市場が次第に競争市場に近づいているという議論も一方では存在する。今後とも実証的な調査を積み重ねていくことが必要である。

（3）実際の市場では、取引費用（Transaction Costs）に次の3つのタイプが存在するといわれている。1. Search and information costs 2. Bargaining costs, 3. Policing and enforcement costsである。1.は関連する情報を探し出し取引を行う相手方と協議するのに要するコスト、2.は相手方との話し合いで契約が成立した時に発生するコスト、3.は契約した相手方が規則を守りかつ契約の条件に不履行がないことを約束させるのに要するコスト、とされている。市場が完全競争市場でないところでは、相手方によって取引に上下関係（ヒエラルヒー）があり、力の上回るほうが権力にものをいわせて諸資源を配分するが、情報が不完全で合理性に限界がある場合には、上下関係に頼るほうが資源配分は効率的であるとする。Transaction Costs, Updated February 19,2022, https://corporatefinanceinstitute.com/resources/knowledge/economics/transaction-costs/（2022.6.9）

（4）Frank Ellis（2000）*Rural Livelihoods and Diversity in Developing Countries*, Oxford University Press, 296p.

（5）Unit 1 Conceptualising Development, 2.2 The livelihoods framework, https://www.soas.ac.uk/cedep-demos/000_P516_EID_K3736-emo/unit1/page_15.htm（2022.6.14）

（6）伊藤紀子（2013）：ケニア農村世帯の生計戦略と親族関係―西部州ブニャラ県における家計調査データ分析を通じて―、アフリカ研究、82号、日本アフリカ学会、pp.1-14。本論文はケニア西部州の農村集落を対象に、家計調査データ分析を用いて世帯レベルでの生計戦略の実態を明らかにするとともに、生計における親族関係の果たす役割について考察した。

第6章　レジリエンスの強化と農業開発

1．はじめに

　地球温暖化による気候変動、地震と津波の発生、火山の噴火、新型コロナウイルス感染症（以下、COVID-19）パンデミック、アフリカ豚熱や鳥インフルエンザなどに代表される家畜伝染病、さらにはエボラ熱等の人獣共通感染症など、近年、地球規模のリスク要因が深刻な脅威となってきている。このリスク要因が農業開発に対してもまた大きな脅威となっており、特に貧困な途上国の農村と農家においては、農業生産の不安定が食料の確保をむずかしいものとし、貧困な状況がさらに深刻化するとともに栄養の摂取状態も悪化してきている。

　こうしたリスク要因の予知・予測、さらには予防の対策などを今後とも継続して実施していく必要があることはいうまでもないが、一方では災害や感染に対してその対応力なり回復力を保持ないしは強化して、予断できない状況においても農業生産が持続可能となる仕組みを構築しておくことは必要不可欠である。

　外部環境の変化への対応力、回復力は、レジリエンスとして広く知られているが、このレジリエンスは、国、地域、世帯などそれぞれのレベルにおいて本来的に備わっているものであり、またその間には相互に密接な関係性がある。外部環境の変化の大きさや時期、性質によっても、レジリエンスのあり方は異なってくるし、また外部環境の変化が漸進的なものか、あるいは急進的で突発的なものかによっても、レジリエンスの態様は異なったものになってこよう。

外部環境の変化が既存のレジリエンスでは対応できないほど激甚化してい
くものと予想される場合には、その強化が望まれる。今日のように災害や感
染が以前にもまして深刻な様相を示し、今後さらにその程度が深くまた広範
に及ぶものと予見されるなかでは、より一層のレジリエンスの強化が必要に
なることはいうまでもない。

　本章では、途上国農業におけるレジリエンスの実態を、農村と農家のレベ
ルに焦点をあてて明らかにするとともに、外部環境の変化に対応したレジリ
エンス強化のためにはどのような条件が備えられるべきであり、またレジリ
エンスの強化が農業開発にいかなる意味をもつのかを論じることにする。

　2．では、あらためてレジリエンスを定義し直すとともに、その重要性に
ついて整理する。3．では、途上国農業・農村における気候変動と
COVID-19パンデミックへの対応の諸相について述べる。4．では、外部環
境の変化に対応したレジリエンス強化のための諸条件を明らかにし、レジリ
エンスの強化が農業開発に与える意味について論じる。5．では、全体を総
括し、レジリエンス強化と農業開発について展望する。

2．レジリエンスとは何か

　レジリエンス（resilience）とは、もともと「回復力」「復元力」あるいは
「弾力性」のことであり、外部環境の変化に対して柔軟に自らを適応させな
がら元の形へ戻っていく力のことである。例えば、地球温暖化によって気温
が上昇しまた降雨パターンが変化して農作物を栽培するうえで大きなストレ
スを受ける場合に、作物に対して何らかの生育環境の工夫、作物自体の新た
な品種の選抜と作出、適正技術の導入などの助けを借りて、作物の栽培が再
び持続可能となる状況を作り出す能力のことである。あるいはそうした助け
を借りなくても作物自体が本来的に持っている環境適応能力である。土壌や
水などの資源が質量ともに自然の力あるいは人為的な介在を通じて回復して
いくプロセスもまた、レジリエンスといえるであろう。

　外部環境の変化に対して作物の適応能力が追いつかなければ、農業生産力が低下して食料の必要量を確保できず、また市場への農産物販売量が減少または品質が低下して売上高が減少し、農家の貧困がさらに深化してその罠から抜け出せない状況をつくり出すことになる。

　干ばつや洪水などの災害が引き起こされることを想定して、農村レベルでは、用水の確保やその適正配分、築堤や排水の仕組みを構築してきた。また実際に災害が起こった場合に備えて、被害を最小限に抑えるための効果的な減災の手順を踏んできた。この場合には農村の構成員による集団的な対応となるが、そこには常日頃から集団のなかにリスク対応能力なり危機管理能力を備えていなければならない。それが欠けていれば、突発的な外部環境の変化に対応しきれなくなる。ここでも農村としてのレジリエンスが不可欠の存在である。このレジリエンスを維持していくためには、災害防止に備えた施設やそれを運用し管理する組織などといった公共財とともに、状況の変化に機敏に対応して公共財を最大に利活用できる農村と農家グループのしなやかさが要求される。食料の安定確保、環境生態系の維持などにおいて、レジリエンスはきわめて重要である。

　ただし、外部環境の変化といってもその内容は多様であり、それによるレジリエンスのあり様にも大きな差異が生じる。Miranda P.M. Meuwissenら[1]は、農家の営農を対象に、農家を取り巻く経済、社会の動きや環境および制度の変化が複雑に重なりあうことで作り上げられるショックやストレスに直面した場合、それに打ち克ち、状況の変化に順応し、そして自らを変容できる力をレジリエンスと定義づけた。要するに、この定義では、外部環境を複雑化していく経済・社会・制度などで形作られる複合体としてとらえ、その漸進的な変化が与えるストレスに農家が適応していく過程をレジリエンスとして捉えている。さらには、農家や農家グループ、フードサプライチェーンに連なるアクターが農村のなかに深く組み込まれて相互に連携しあっている現状を考慮に入れれば、レジリエンスは農家を超えて農村という文脈で捉え直すことが必要となる。そしてレジリエンスを保持するためには、農家と農

村において、環境の変化に適応していく能力だけでなく、内部的にガバナンス、リスクマネジメントの能力が十分に備わっていなければならないとしている。

　グローバル化が地方のすみずみまで浸透している現代においては、国内外の政治や経済の動きが情報のネットワーク化によっていち早く農村や農家にも伝わる。何らかのリスクや不確実性に日々対応しつつレジリエンスを保持するためには、既存の営農システムを柔軟に組み替えていかなければならない。そういう意味では、レジリエンスはたんに元の状態に復するというだけではなく、新たな状況の変化に対して適切に調整し対応しうるものに変容し続けていかなければならない。人体に例えれば、何らかの外傷を負ったときあるいは病気を患ったとき、自然治癒により元通りになるであろうが、それだけでなくこの過程で免疫抗体を獲得し、学習効果と体力の増強によって以前にも増して外部ショックに対する抵抗力（レジリエンス）を強化していくプロセスと言い換えてもよいだろう。

　ここで考察の対象とする途上国の小規模農家と農村は、外部環境の変化にきわめて脆弱であり、変化の程度にもよるが、対応できるだけのレジリエンスに限界があることは明らかである(2)。見方によっては、内部的な状況の変化に対するレジリエンスにも限界がある。内部的な状況の変化とは、農家でいえば、世帯員の不慮の事故、農業従事者の高齢化、農地や家畜など有形資産の突然の喪失などであり、農村でいえば、構成員の減少や高齢化による人的ネットワーク機能の低下、それに伴う村落レベルでの結束力や統合力の低下などである。

　こうした内外の環境変化に対して、農家と農村の経験知や暗黙知を駆使し、伝統的な技術を用い、人的資源を動員して対応しようとしても、元の状態に戻らないばかりか、より深刻な状況に陥ってしまうかもしれない。レジリエンス自体が弱体化し、環境の変化に対応できなくなっているからである。別の見方をすれば、内部に変化が生じて復元する能力を失わせているともいえる。

　サハラ以南アフリカでは、不規則な気候変動に伴う干ばつや洪水の発生が小農の栽培する作物や飼養する家畜の生産性を低下させており、貧困な農家では不足する食料を確保するために、自らの家畜を売却あるいは農地を切り売りして得た現金で食料を購入し糊口を凌ごうとしているが、それでも食料へのアクセスが不十分であり、その結果子どもや女性を中心に深刻な栄養不足、栄養不良の状態に陥っていると報告されている[(3)]。

　繰り返しになるが、レジリエンスは何らかの臨界点を超えれば、ストレスに対する調整や対応が難しくなるため、状況の変化へ的確に応じられるレジリエンスを不断に構築し強化していかなければならない。したがって、レジリエンスの強化は、内外のストレスやショックからの立ち直りにとどまらず、持続的な農業開発を達成していくための重要な要件なのである。

　加えてレジリエンスを、農業生産から食品加工、流通、販売に至るフードサプライチェーン全体のなかで組み直して考えれば、食料供給の安定確保のためには、フードサプライチェーンに対するレジリエンス強化も考慮すべき重要な視点といえる。

3．外部環境の変化とレジリエンス

　冒頭で述べたように、地球規模でのリスク要因が途上国の農業開発にとって大きな脅威となってきている。このリスク要因を外部環境の変化と受けとめる農家や農村がどのように対応しているのかについて、きわめて断片的な情報に基づくものであるが、その諸相を少し整理しておくことにする。ここでは、気候変動とCOVID-19パンデミックを事例に農家と農村の対応について取り上げる。

（1）気候変動とレジリエンス

　気候変動に伴う干ばつや洪水に対して、農業生産を環境と自然資源に強く依存する貧困な途上国の小規模農家は、代々受け継がれてきた伝統的な知識

と経験の積み重ねによる実践技術を使って対応するほかないが、より具体的に農村や農家が気候変動をどのように受けとめて理解し、どのように対応してきているのかを調査によって明らかにした文献は決して多くない[4]。

　そうしたなかで、ワーゲニンゲン大学Farming Systems Ecologyのチームはアフリカ南部を対象に調査した成果を公表した[5]。この研究では、気候変動に対する農家の対応は、短期と長期に区分されるとしている。干ばつや洪水への短期的対応は、収入源の多様化、社会セーフティネットの活用、資産の売却などであり、農業に関していえば、作物生産の多様化、種子や栽培時期の変更、土壌の保全、家畜給餌の工夫である。またより長期的な対応としては、農法の転換、作物や家畜の品種交替、自然資源の管理、暮らし方の見直し、新たな知識の吸収などを挙げている。

　確かにこうした対応が考えられるが、短期、長期を問わず、この対応が農家の間で等しく実行されるわけではなく、営農システム、農地など資産の保有状況、知識や技術および資金へのアクセス、農家の態度や行動、家族構成、道路や輸送などのインフラによって、そこには自ずと明確な違いが生じてくる。また地域によっても、対応の仕方には大きな差異が出てくるだろう。結局のところ、比較的多くの資源を有しまた教育を受けた農家だけが、農村に受け入れられかつ科学的なエビデンスに裏づけられた技術を用いることで、いくらかでも気候変動がもたらす影響を緩和することが可能となる。その場合でも、正確な気候の変動と変化を予測するデータや情報の入手は欠かせない。新しい技術の採用には資金を必要とし、また灌漑、排水の施設改修や圃場と土壌の管理などの条件整備が必要である。そうした投資が無駄にならないようにするためにも、正確な情報の入手は不可欠である。

　また、短期的には、干ばつや洪水による作物や家畜の減収といった経済的損失を緩和するために、気候変動に関連づけた保険や融資の制度を利用することができれば、レジリエンスはいくらか高まるであろう[6]。

　もう一つ調査文献を紹介する。GREENPEACEというイギリスに本部をおく国際環境NGOは、アフリカ東部を対象にした調査結果をもとに、気候変

動に対応した農家のレジリエンスを高めるうえで重要な要素として、土壌、水、圃場での多様性、そしてコミュニティを取り上げた。ここでは、気候変動に対して農家が依存している農業生態系システムの強化がリスクを削減するという立場をとる。気候変動に起因した突発的な災害への短期的対応というよりも長期的な視点での提言である(7)。

　土壌では、森林の破壊などに伴う土壌養分の溶脱や流出を防ぎ、土壌の透水性と保水力を高めるために、アグロフォレストリー、窒素固定作物との間作、畜糞や緑肥のすき込み、土壌の物理性を維持するための最小耕起、傾斜地での等高線栽培および被覆作物の導入などが有効としている。

　水は、東アフリカにおいて作物栽培の大きな制約要因となっている。変動しやすい降雨パターンに対してレジリエンスを高めるために、集落では貯水ダムをまた農家では貯水タンクを設置しているが、漏水防止策も含めてそのためには資金の投入が必要である。一方では作物への点滴灌漑や蒸発散量を最小化するための土壌マルチなどによる節水対策も必要とされている。

　圃場での多様性とは、乾燥に抵抗性がある作物や家畜の品種を用いて予期しない干ばつに備えること、多種多様な作物あるいは同一の作物でも異なる品種を作付すること、播種や作付の時期をずらすことなど、時間と空間に工夫を凝らしてリスクを分散することであり、そのことが農家の営農と生活を安定させるとしている。

　コミュニティでは、集落ベースで農家がグループを形成し、地域に固有の諸条件に適した生態系農法を農家の主体的な参加のもとで習得また圃場で実際にその農法を試行すること、収穫物を農家グループで共同出荷することにより適正な価格を受け取ること、ICTを通じて農家の間でネットワーキング化して市場情報や気象の早期警戒情報システムへアクセスできるようにすること、などとされている。

　こうした4つの諸要素はことさら新しいことではないが、重要な点はこれらが相互に深く結びついてこそ、レジリエンスが高まるということである。そのためには、既存の農業生態系システムでは気候変動に対応しえない部分

を明らかにし補強することも必要であるが、それにもまして農業生態系システム全体の視点から、システムを構成する諸要素の連携が気候変動という外部環境の変化に照らして十分に機能しえない点をあらためて見直し補強していくことが、レジリエンスの強化につながるのでないだろうか。

　特にここで強調しておきたい点は、農業生態系システムに順応し4つの諸要素を考慮に組み入れた農法を開発し導入していくことである。その農法が地域の農業生態系の保全と気候変動の緩和につながれば、なおさら効果的である。そこで考えられるのが「環境再生型農業」である。環境再生型農業とは、最小耕起、被覆作物の導入、輪作などの手法を用いて土壌を修復・改良しながら土壌中の炭素と水の貯留能力を高め、作物と家畜の回復力と成長ポテンシャルを高める農法である。二酸化炭素などの温室効果ガスを土壌に吸収し隔離すれば気候変動を抑制するうえで効果的である。この農法を具体的にどのように取り入れて圃場に展開していくかは、コミュニティ内の農家が相互に話し合うなかで、域外からの専門家の助言を受けながら進めていくことになろう。

（2）COVID-19パンデミックとレジリエンス

　COVID-19パンデミックが、途上国の農業に対して大きな脅威となっていることはいうまでもない。この脅威への農家と農村の対応は、フードサプライチェーンの文脈で読み解いていくことが重要である。

　これまでにさまざまな情報源から見えてきたCOVID-19パンデミックによるダメージは、農家においては種子や肥料など農業投入財の入手困難とその価格上昇、労働力の不足、新しい知識と技術に対する普及・伝達の困難、収穫物の輸送や貯蔵の困難およびそれに伴う廃棄処分や農産物販売価格の下落、市場やスーパーなど従来の販路との連携弱化などである。また農業外での雇用先も縮小ないしは失われた。これによって農家の所得は減少し続け、不作の場合には家族のための食料確保もままならない状況となった。その一方で、農産物の小売価格は、輸送費の上昇、労働力不足による賃金の上昇、輸入農

産物の制限などに起因して高騰を続け、都市、農村を含め貧困者にとってはこのことがきわめて大きな負担となり、栄養不足人口が増加した[8]。

　また農村では、人々の移動制限による労働力不足や資金の制約などで、灌漑施設などインフラの維持や修復が困難となり、また収穫した農産物の農家グループによる調整と出荷、民間企業による農産物の加工、輸送、貯蔵などの経済的機能が果たせなくなった。それだけでなく、教育、医療、福祉、衛生など社会インフラの持続性にも大きな問題が生じた。

　いうまでもなく、こうした状況のあり様は、途上国のなかでも各地域、経済発展の段階などによって大きな差異がある。特にサハラ以南アフリカでは、栄養不足が悲惨なまでに深刻な状況となり、また安全な水の供給や衛生状態が悪化して病気が蔓延し、子供たちの中には取り返しのつかない事態に陥っている者がいるといわれている[9]。農業が中心的な生業であり、農村には多くの貧困者が滞留していることから、栄養価の高い農産物を生産してそれを村内および世帯間で適切に分配する仕組みを構築するとともに、清浄な水の供給と衛生システムの環境を整えることが何よりも急がれる。

　アジアでもまた南アジアを含めて、COVID-19パンデミックにより大きなダメージが生じたが、その程度はサハラ以南アフリカほどではなかったとIFPRI（国際食料政策研究所）が発信するブログで報告されている[10]。それによると、過去に手掛けられた農業に関わるインフラ投資と社会的セーフティネットの構築がレジリエンスの維持に大きく寄与したとされる。確かに農産物価格は下落し生産・流通コストが上昇して所得が低下したものの、価格の変動を抑制するために、加工、貯蔵、流通、コールドチェーンなどの分野での投資に対して公共部門が過去に力を注いできた。また、フードサプライチェーンのデジタル化を通じて、食料が不足している地域や世帯への無償による公的なデリバリーサービス、生物学的栄養強化作物利用の拡大、サプライチェーンの圧縮、e-Commerce利用の増大、フードサプライチェーンへの小規模食品企業の取り込みなどが進んでいったとされている。

　国や地域を問わず、COVID-19パンデミックによって引き起こされた数々

のダメージのなかでも、とりわけ深刻な問題の一つは、収穫した農産物の出荷が滞留しまた販売が停滞して農家の収入が途絶するという事態であり、農家にとってはかなり大きな痛手となっている。一方で都市の消費者にとっては、食料／農産物は生活必需品であり、何らかの形で購入して確保せざるをえない。たとえ輸入に依存するにしても、輸送コンテナの不足や輸送費の高騰などで、安価で安定的な供給が保証されるという状況でもない。

こうした事態に対応するために、フードサプライチェーンに沿って、農家と加工業者、小売業者と消費者の間をマッチングさせるためのさまざまな工夫が施されてきた。例えば、生産地の農産物は、オンラインを通じて食品加工のために必要な原料を求めるユーザー、スーパーなどの小売店あるいは消費者から直接注文を受け、配送される仕組みが整えられた。e-Commerce、いわゆるデジタル化によるマーケティングである。また農家が自ら生産した農産物を直接消費地に出向いて移動販売する方法なども出てきた。異なる農産物を生産している農家の間でグループを形成し、品質に優れた農産物をまとまった量で求めるスーパーなど大型小売店の要求に応じて、収穫した農産物を農家が共同で出荷・販売してスーパーへのアクセスを高め、売り先を多様化し、また価格交渉力を強化することでレジリエンスを維持していこうとしている[11]。

デジタル化は、マーケティングだけでなく、農家に対するオンラインによる技術情報の配信、チャット機能によるコミュニケーションの推進、融資などのデジタルサービスといったように広範囲に及んでいる。

しかしながら、こうした動きはまだ一部にとどまっており、大部分を占める小規模な貧困農家層では、収入減に対する救済策、低利融資による資金供給と営農活動の継続、農産物販売先の確保、多様な雇用先の創出などを組み合わせていく必要がある。

ともかくも、COVID-19パンデミックの影響により国連が定めた2030年を目標年とするSDGsの達成はむずかしくなった。それでも途上国における食料の増産と農村貧困の削減に向けた努力は継続して実施すべきとして、

FAOは以下の点を強調している⁽¹²⁾。農業投資への規模拡大、新しい農業技術へのアクセス改善、農家へのクレジットサービスと情報の提供、小規模農家への支援、動植物遺伝子資源の保存、食料価格変動の抑制、人と家畜の疾病蔓延防止に加え、水不足が深刻な地域での節水、食品ロスや廃棄物の削減、森林エコシステムの保全、農村女性の農地に対する権利の法的および実践面での保護、不法な漁獲の取り締まり、正確なデータの作成などを掲げている。こうした対策の実施がCOVID-19パンデミックによるインパクトをどの程度緩和するのか、明確な結果が示されるのはこれからである。

　気候変動やCOVID-19パンデミックを含めた外部環境の変化に対して、農家や農村がどのような諸条件のもとでどのようにレジリエンスを強化していくべきなのか、そしてそのことが途上国の農業開発にとってどのような意味をもつことになるのか。外部環境の変化は、このことについて問い直していく格好の機会であるようにも考えられる。

4．レジリエンス強化の諸条件と農業開発への意味

（1）レジリエンス強化のための諸条件

　気候変動、COVID-19パンデミックさらには予期しない市場の変化など、農家と農村が直面するこうした外部環境の変化に対して、それがもたらすインパクトを少しでも緩和していくためには、より積極的にレジリエンスを強化するための包括的なリスク管理戦略を構築する必要がある。そのための政策フレームを計画し準備する一方で、外部環境の変化を予見してそのインパクトを吸収する仕組みをつくり、農家がリスクや不確実性に適切に対応しながら新しいビジネス機会に挑戦できるよう条件の整備を進めていくことが、今後の農業開発にとってきわめて重要なポイントといえそうである。

　レジリエンス強化のための諸条件としては、少なくとも政府主導による制度の構築、効果的な営農体系の開発、さまざまなレベルでの人材の能力開発とその連結、そして農村コミュニティの強靭化、が重要と考えられる。

政府主導による制度の構築とは、外部環境の変化といった不測の事態に備えてデジタル技術や人工知能を駆使した情報の収集と集積、その分析結果に基づく予知情報を、早期警戒システムを通じて政策担当者や農家など関係者へ迅速に発信する仕組みづくりである。これによって、発生の確率が高い干ばつや洪水などの自然災害に備えてダメージを最小限に抑える何らかの手段を予め講じることができる。その手段とは、耐乾性・耐病性の種子、食料や飼料などの備蓄確保、灌漑排水施設の補修と点検、予測値をベースにした融資や作物保険に関わるシステムの構築などである。この考え方は、FAOが2016年にアフリカの乾燥地帯を念頭においてレジリエンスを強化するための地域イニシアティブとして公表したものである[13]。また、気候変動、市場の変化をはじめその他のリスクに対するレジリエンスを強化するために、政府が、農家やフードサプライチェーンがリスクを吸収しまたそれに順応して自らを変容させるための能力向上に資する投資環境づくりなどリスク管理政策を講じることも必要である。整備する投資環境には、保険や融資などの制度づくりに加え、研修を通じた防災、減災に関する知識と情報へのアクセスやアドバイスの提供などといった分野横断的な内容が含まれる[14]。

　環境の保全に留意しつつレジリエンスを高めるための有効な技術については、これまでにも折にふれて述べてきた。ここでいう営農体系の開発とは、地域の自然的および社会・経済的条件に合わせて、水管理、品種選択、栽培技術などを適切に組み合わせていくものであるが、それ自体は気候変動など状況の変化予測に合わせてたえず「進化」を遂げていかなければならない。そうしたなかにあって、世界銀行が提唱したClimate-Smart Agriculture（以下、CSA）の考え方は注目に値する[15]。CSAとは、加速化していく気候変動のなかにあって食料をいかに安定確保するかという課題に取り組むにあたり、農地、家畜、森林ならびに漁業の資源を管理する総合的なアプローチとされ、そのために生産力の増強、レジリエンスの強化および温室効果ガスの排出削減を同時に達成することをCSAの成果指標においている。持続的農業に関する既存の知識と技術のうえに、明確に気候変動への取り組みを焦点

におき、これらの成果指標間の相乗と相殺の効果を考慮に入れつつ、農業開発のための新しい投資機会を探っていこうとするものである。この場合、CGIAR（国際農業研究協議グループ）が開発したレジリエンスを高めるイノベーションとしての気候変動対応型の技術や管理手法の活用が重要とされている。生産力の増強は食料の安定確保のために優先順位の高い作物に焦点をあてて、その技術や管理手法が気候変動のインパクトに対応し、レジリエンスの強化には気候変動に耐えられるインフラ投資が決定的に重要であり、また温室効果ガスの排出削減は経済活動が依存する環境生態系システムに十分配慮しそれに適応していかなければならないとしている。要するにCSAは、自然資源と環境生態系システムへの依存をベースとした途上国の営農体系の開発が、生産力の増強、レジリエンスの強化および温室効果ガスの排出削減を総合的に組み合わせていく枠組みのもとで遂行されるべきであり、気候変動に受動的に対応するのではなく、それを予見しながら適切な対応策を事前に準備しておくことに重点をおいている。

　レジリエンス強化のために、政府主導による制度の構築、効果的な営農体系の開発など環境整備や投資機会の提供は重要であるが、それを実質化できるのは、つまるところ、農家、農業普及員、政策担当者、フードサプライチェーンに連なる民間のサービスプロバイダーなどである。これら人材の能力開発と相互の連携・連結がレジリエンス強化のカギを握っているといっても決して過言ではない。農家にしてみれば、リスクを吸収するためにショックが生じた初期段階でいかにいち早くダメージを抑制するかもしくは立ち直りに要する時間を短縮するか、またリスクに順応し行動変容を起こすためには正確な情報と研究の成果をいかに入手して、レジリエンス強化に向けて開発された農法や技術を営農体系に組み入れていくかがポイントになる[16]。農業普及員はこうした農法や技術を農家に受け入れられるようわかりやすく解釈し直して伝えていく能力が必要とされ、また民間セクターは開発された技術のポテンシャルを引き出すための農業投入財の供給や施設の設置、農業普及員と密接に協働した農家への技術指導、使いやすい保険や金融サービスの

提供、そのほか加工、貯蔵、流通などに関わるビジネス感覚を磨いていかなければならない。政策担当者は長期的視点に立ってショック緩和のために何が事前に準備されるべきか、またレジリエンス強化のための戦略や投資の順位づけをどうするかについて検討していかなければならない立場にある。そして全体としてレジリエンスを高めていくためには、これらのアクターが状況の変化予測を理解し共有する前提のもとで、相互に連携をとりながらそれぞれの立場から意見を出し合い、状況に適合した効果的な政策を選択していくことが必要である。

　最後に、農村コミュニティにおいて社会的結束を強めることは、地域としてのレジリエンスを高めるうえできわめて重要である。それには、地縁・血縁関係の絆、ジェンダー・イシューに十分配慮したうえで、農地や水など生産資源、農業投入財、技術普及や融資などのサービスが農家間で均等に受けられるように仕向けるアクセスの改善、コミュニティ内での資源利用および技術選択等に関する意思決定の場への主体的参加などが挙げられる。レジリエンス強化に向けて政府から提供される様々なプログラムの紹介とその参加も、コミュニティを窓口として進められるであろう。また何らかの形で社会的・経済的機能を発揮するために形成された農家グループは、レジリエンスを強化するうえで不可欠である。資源の管理、水利施設などの補修・点検、情報の収集と共有、農産物の共同集出荷、食料など生活物資の均等な分配などは、グループの支えなしにはその実現がむずかしい。

　農村コミュニティの強靭化は、結局のところ外部環境の変化には個人での対応に限界があることから、コミュニティという集団のなかで相互に連携を取り合い、外部環境の変化が起こる前に日常的な予防策の準備あるいは変化の最中であっても協力しあう体制を整えるなかで、その意識や態度の変化を通して培われていくものである。その意味では、農村コミュニティ自体のレジリエンスの強化に向けた能力は、個々人がアイデアや意見を出し合いながら、考えられる最善の策を検討していくことで創生されていくものと考えられる。

（2）レジリエンスの強化が農業開発にもつ意味

　以上、レジリエンスを強化していくための諸条件を、政府主導による制度の構築、効果的な営農体系の開発、さまざまなレベルでの人材の能力開発とその連結、そして農村コミュニティの強靱化、について取り上げた。この諸条件を実効性の高い行動計画に編成し直して農業と農村の現場へ落とし込んでいった場合、そのことが農業開発にどのような意味をもつことになるのであろうか。

　外部環境の変化予測に対応する準備を、制度、技術、人材および組織のそれぞれの側面からアプローチするなかで、農業開発のあり方も外部環境の変化が生じた場合のショックやダメージからたんに回復し復元することに留まらず、リスク対応の準備の過程で次第に強化されていくレジリエンスのもとで、より精緻で慎重かつ計画的な方向へ農業開発を進めていかなければならない。実際にそうした方向へと農業が変わらなければ、食料の確保はさらにむずかしいものとなるにちがいない。農業開発の具体的なあり方は、おかれている地域の自然、社会・経済環境によって当然多様に異なってくるが、これまで以上に、気候変動に備えた圃場整備や水管理などのインフラの拡充、土壌生態系の維持など環境に配慮した営農体系の創出、それに見合う農業投入財の利用、貯蔵、加工、輸送など一連のポストハーベスト機能の整備、情報の収集・分析と受発信、ICTを駆使した作物の増収安定技術等を適切に組み合わせることが必要になってくる。また状況の変化を適切に判断しながら、この組み合わせは柔軟に変化させていくべきであろう。レジリエンスの強化をビルトインさせた農業開発は決して容易なことでなく、それには相応のコストを要し、技術の開発や人材育成などにはある程度の時間を要する。これまで以上にリスクの管理・分析・評価を徹底しながら、その結果を農業開発の計画と実施のなかに着実に反映させていくことが必要である。

5．おわりに

　以上、回復力ないしは復元力を意味するレジリエンスの強化は、今後さらに加速化すると予想される気候変動によって引き起こされる干ばつや洪水など外部環境の変化に対応するうえで、農業開発に深く組み入れておくべき不可欠な要素であることをみてきた。そしてレジリエンス強化のための諸条件として、政府主導による制度の構築、効果的な営農体系の開発、さまざまなレベルでの人材の能力開発とその連結、そして農村コミュニティの強靭化を取り上げ、農業開発はレジリエンスの強化を計画と実施のプロセスにビルトインさせ、これまで以上にリスクの管理・分析・評価を徹底しながら、その結果を農業開発のなかに反映させていくことが必要であると述べてきた。

　これまで述べてきたように、情報の収集・分析とその受発信、気候変動に対応した技術の開発やインフラの整備などレジリエンスを強化するための手段を講じつつ、食料の増産と環境の保全を両立させながら農業開発を進めていかなければならない。一方でビジネス面では、物流と商流を安定させるフードサプライチェーンのレジリエンス強化も合わせて考慮していく必要がある。また農業投入財と農産物の双方に関わる需給バランスの不均衡が市場価格の不安定を結果して、小規模農家の農業経営の持続性に大きな問題を引き起こすことも想定しなければならず、価格を安定化させるための制度的な仕組みづくりもまた急がれる。

　ともかくも、レジリエンスの強化は今後の農業開発にとって重要な前提をなすものであり、食料需給の安定と農村貧困の削減は、レジリエンスの強化によって外部環境の変化にどれだけ農業の生産基盤が対応できるかに大きく左右されるといっても決して過言ではないのである。

注と参考文献

（1）Miranda P.M. Meuwissen and Others（2019）A framework to assess the resilience of farming systems, *Agricultural Systems,* 176, pp.1-10.

（2）世界には小規模農家の農民が24億人存在すると推定され、世界の貧困者の半数以上を占めているといわれる。それぞれが小さな農地を耕作しているが、それでも世界の食料の3分の1はこれら農民によって生産されており、そのウエイトは決して小さくない。気温の上昇、土壌の劣化、台風の頻発、さらには厳しい干ばつや洪水などにより、小規模農家では凶作の年が増加しまた収量や所得が減少して、農家の低所得層では食料の確保が年々厳しくなってきている。小規模農家のレジリエンスを強化しなければならないニーズは高まってきているが、そのための投資はわずかな額にとどまっている。小規模農家は、温室効果ガスの排出量が世界全体のわずか5％を占めるに過ぎないにもかかわらず、その影響を最も早くまた最も深刻に受けるとされている。2030年までにはサハラ以南アフリカを中心に地球温暖化による農業生産量の減少と食料価格の上昇で、少なくとも1億2,500万人の人々が極端な貧困へ押し出されるといわれている。Resilient Agriculture Can Help Solve Poverty, Adapt to Climate Change, June, 2021, https://acumen.org/blog/climate-change-poverty-resilient-agriculture/（2022.2.23）

（3）FAO（2018）：食料安全保障と栄養の確保に向けた気候レジリエンスの構築「世界の食料安全保障と栄養の現状2018年報告」、世界の農林水産、No.853、（公社）国際農林業協働協会、pp.1-8.

（4）Berrang-Ford, L., Ford, J. D., & Paterson, J.（2011）Are we adapting to climate change? *Global Environmental Chang*e, 21（1）, pp.25-33.

（5）Kuivanen K., Alvarez S., Langeveld, C.（2015）*Climate Change in Southern Africa: Farmers' Perceptions and Responses, Review Report, Farming Systems Ecology,* Wageningen University, Netherlands, 34p.

（6）Kelsey Jack, Nick Wilkinson（2022）Risk and resilience: Agricultural adaptation to climate change in developing countries, International Growth Center, https://www.theigc.org/reader/risk-and-resilience-agricultural-adaptation-to-climate-change-in-developing-countries/（2022.2.27）

（7）Frank Chidawanyika, Kisten F. Thompson, and Reyes Tirado（2015）*Building Resilience in East African Agriculture in Response to Climate Change, Greenpeace Research Laboratories Technical Report*, GREENPEACE, 30p.

（8）World Bank（2022）Food Security and COVID-19. 世界銀行の推計によれば、2021年には新たに1億6,300万人が栄養不足人口として追加され、また260万人以上の子供が発育不全といわれている。

（9）African Development Institute Global Community of Practice（2020）*Building Resilience in Food Systems and Agricultural Value Chains: Agricultural*

Policy Responses to COVID 19 in Africa-Summary for Policymakers-B&M, African Development Bank Group, 29p.

(10)Anisha Mohan（2021）2021 Global Food Policy Report: COVID-19' s impact on agriculture and food systems in South Asia, *IFPRI blog: Event Post*, Aug.17 2021.

(11)国際協力機構（2022）:「東南アジア地域における　With/Post　COVID-19 社会のフードバリューチェーン開発に係る情報収集・確認調査ファイナルレ ポート」

(12)Alarming new FAO report shows decades of development efforts undermined [EN/AR/ZH]（2021），https://reliefweb.int/report/world/ alarming-new-fao-report-shows-decades-development-efforts-undermined- enarzh（2022.3.15）

(13)FAO（2021）*Sub-Saharan Africa: Strengthening Resilience to Safeguard Agricultural livelihoods, Regional Office for Africa*, FAO-RAF, 26p.

(14)Risk management and resilience: Taking a holistic approach to agricultural risk management, https://www.oecd.org/agriculture/topics/risk- management-and-resilience/（2022.3.21）

(15)The World Bank（2021）CLIMATE-SMART AGRICULTURE, https:// www.worldbank.org/en/topic/climate-smart-agriculture（2022.3.20）

(16)OECD（2020）Strengthening Agricultural Resilience in the Face of Multiple Risks: Executive summary, 164p. https://www.oecd.org/publications/ strengthening-agricultural-resilience-in-the-face-of-multiple-risks-2250453e-en. htm（2022.3.21）

第7章　人材育成と農業開発

1．はじめに

　農業とは、主に家族労働を主体とする農家が、農地、土壌、水などの資源を利用して、何らかの作物を播種・植え付けし、中耕、施肥、灌水、除草などの肥培管理、病害虫防除、収穫、調整、貯蔵など一連の作業を経て農産物を生産、その後選別・梱包、市場へ出荷・販売し、その対価として収入を得る営みである。農家は農地を高度に利用するために、混作、間作あるいは輪作といった作付体系を取り入れ、また作物栽培と家畜飼養の部門結合による複合経営、さらには農産物の生産に加工と販売を加えた6次産業化により収入源を多元化して、収入の増加と経営の安定を図ろうとする。

　要するに、農家は、何を、いかなる方法で、どれくらい生産し、またそれをいつ、どこに、どのように出荷して販売するか、他方で資源をどのように配分して管理しまた農業を取り巻く環境を保全していくか、どのような経営方式、経営組織にして資源の有効活用と収益の最大化を図るかを、市場や農村コミュニティなどを取り巻く外部条件が刻々と変化していくなかで決定していかなければならない。生産に必要な農業投入財の調達、情報の収集と知識の活用、技術の選択、さらには経営組織の改変、資金の調達、農家グループ活動への参加なども、農家が自ら意思決定していかなければならない。

　こうした意思決定は、農業普及員、地方の行政担当者、民間セクターのコンサルタントなど外部関係者との相談や勧奨によって促されることも多いだろうが、基本的には農家自身の自己判断に委ねられる。特に、新しい技術や市場のニーズを見越した新規作物の導入、用排水施設の改修、経営組織の改

変に伴う新しい営農システムの構築、新たな市場の開拓と流通・販売システムの導入などは、生産性の向上や所得の増加につながることが期待できる反面、これによるリスクや不確実性に起因した心理的負担や経済的負担が重くのしかかる。農家にとっては、成長か安定かの選択および時間選好をめぐって適切な判断を下さなければならない。

　しかしながら、これまでの経験と既存の技能・技術、知識にすべてを依拠して判断するのでは、新しいことに踏み出していくのはむずかしい。与えられた営農環境と利用できる資源のもとで、適切な判断を下し実行に移せるだけの能力を養っていくことが必要である。そのために何が不足する能力であり、その能力を向上させるためにはどうすべきなのか、さらに向上する能力を維持・発展させるためにはどのような仕組みや仕掛けが担保されなければならないのか。こういった課題の解明は、農業を動かす主体の能力形成に関わるきわめて重要な側面であり、これまでにもさまざまな視点から論じられてきた。それだけ農業を近代化し前進させていくために、農業者の能力向上は農業開発の核心的な部分に位置するものといえよう。

　本章では、農家が新しいことに挑戦する動機づけのメカニズムおよび動機づけを促すための仕組みと仕掛けについて論じるともに、人材育成に必要な周辺環境の整備について論点を整理することにする。

　2．では、農家を対象とした動機づけのメカニズムを自己決定理論から引き出し、これまで論じ切れていなかった部分を補強する。3．では、問題解決学習Problem Based Learning（PBL）の手法を手掛かりとして、主体的に学んでいく仕組みとファシリテーターによる仕掛け方について検討する。4．では、周辺環境の整備を、支援人材の能力向上、農家グループのリーダー育成、農村コミュニティの自己改革、農家世帯レベルでのジェンダー配慮について取り上げる。5．では、以上論じてきた主要な点について総括する。

　なお、ここで農家という場合には、農業者と限定しないかぎり、農業に従事するすべての農業者を包含すると解釈していただきたい。

2．動機づけと自己決定理論

　農家にとって代々受け継がれてきた農法を、進んだ技術や効果的な農業投入財を用いた新しい農法へ転換するのは、非常にむずかしいことなのかもしれない。たとえそれが生産性の向上を約束するものであるとしても、それを確信に変えるまでには技術と経営に関する研修と訓練を繰り返し、試行錯誤を重ね、また家族や農村コミュニティから理解と協力を得なければならない。一方で、その間にも技術のさらなる進歩や市場の急速な変化が起これば、取り入れようとする技術が遅かれ早かれ陳腐化するかもしれないし、また新規に導入した作物の売れ行きが落ちるかもしれない。あるいは気候変動など外部環境の変化が技術の効果を減殺するかもしれない。

　このように農家に新しい技術や農業投入財を紹介し、また市場の情報やその動向予測を伝えたとしても、これに伴うリスクや不確実性を考慮に入れれば農家はその採用に慎重にならざるをえず、考え方や行動に変容を起こすことは決して容易なものではないと考えられる。とはいえ、農業を前に進めていくためには、農家に何らかの動機づけ（モチベーション）を与えて、慣行的農業からの行動変容を促していくことが避けられない。

　動機づけとは、「人間の行動を喚起し、方向づけ、統合する内的要因」のことであり、また「何かを欲求して動かす（される）ことで、目標を認識し、それを獲得し実現するために、方向づけたり行動したりすること」[1] とされている。ここでは特に、どのようにしたら農家は動機づけられるのかという「動機づけの過程」を明らかにしていくことが重要である。

　動機づけに関しては、これまでマズローの欲求段階説から始まってフレデリック・ハーズバーグの衛生要因／動機づけ要因（二要因理論）、マクレランドの欲求理論／目標設定理論などこれまで数多くの理論が発表されてきたが、動機づけの過程を重視するという視点からいえば、「自己決定理論」がしばしば引用されている。

エドワード・デシらが提唱した自己決定理論は、よく知られているように国際協力機構（以下、JICAと略す）主導による市場志向型農業振興を目指すSHEP（Smallholder Horticulture Empowerment Project）アプローチにおいて、農家を中心にプロジェクト関係者がモチベーションを高め自ら行動を起こしていく仕組みを、心理学の側面から裏づける理論的基礎として据えたものである[2]。

　SHEPアプローチは、経済学でいう「情報の非対称性」を取り上げ、生産者から消費者に至る市場流通のアクターがそれぞれ持っている情報を相互に交換し共有することで、売り手がもっている情報（生産地、農産物の種類や品質、収穫の時期と生産量、栽培過程、希望販売価格など）と買い手がもっている情報（消費地、購入したい農産物の種類や品質、購入量、栽培過程、希望購入価格など）を突き合わせて需給のマッチングを図ることで市場の効率が高まり、売り手からすれば、売れ筋の農産物とその品質、購入量と希望価格、時期などを事前に知ることで計画的な栽培と出荷ができる「売るための農産物づくり」により、収益の増大が期待できるとした。これを自己決定理論からみれば、農家が自ら進んで課題を設定してそれに取り組み（自律性）、その結果として課題解決への何らかの手ごたえをつかみ（自己への有能感／コンピテンス）、また課題解決に取り組むなかで農家グループやプロジェクト関係者と関わりをもつ（関係性）ことで、やる気が引き出されまたやりがいを感じ、この過程で内発的な動機づけが育まれていくというものである。売るための農産物の生産と販売に必要な課題を整理し、課題解決にあたり農家グループ等と関係性を築きながら市場への販売を通じて以前よりも多くの収入を確保、引き続き新たな課題を見つけてそれに取り組み、収入を増やしながら成功体験を積み重ねいくうちに農家がコンピテンスを高め自信を深めていくというのが、JICAが描くSHEPアプローチの方向性である。

　自己決定理論では、自律性欲求、コンピテンス欲求、関係性欲求の3つの欲求を内発的動機づけの基本に据えており、国際協力する側からすれば、これらの欲求をいかに農家から引き出し、育て、支援していくかが問われるこ

とになる⁽³⁾。

　ここでのポイントは、農家がいかにして自分の営農の現状から問題を発見し解決すべき課題に整理できるかという自律性に関わる点である。言い換えれば、どれだけ自分に向き合い、問いつめて直面する問題に「気づく」ことができるかという点である。自ら生産性の向上と収入の増加という目標を立てて高揚感にあふれるとしても、その目標を達成するまでには、問題の発見→課題の設定→戦略と方法の選択→条件の整備と手段の調達→実行という手順を踏んでいかなければならない。最初から目標があまりにも遠大でこれまでのやり方を大きく変えるものであれば、目標自体を実現可能なレベルに合わせそれに応じて手順を修正し、少しずつ目標を高めて手堅く実行していくことが必要である。要するに、問題に対する気づきの程度に応じて課題と目標の設定が定められていくということである。

　その気づきは、自ら市場へ足を運んで、何が売れそうなのか、どこにいつ売ったらよいのか、買い手はどれくらいの量と品質を望んでいるのかなどを聞き出すとともに、ほかの成功している地域や農家を訪ねて作物栽培の方法や工夫を知ることが大きな手掛かりになるだろう。また、信頼をおいている農業普及員や行政担当者などから情報を聞き出すことも必要である。また農家グループのなかでお互いに情報を出し合い、その中から気づくこともあるだろう。インターネットへのアクセスがあれば、WebsiteやSNSで多様な情報を知りうる機会が見出される。自分の内部に閉じこもっていては問題に気づくことがむずかしく、こうして視野を外へ向けて情報を収集し、市場を訪ね、ほかの農家から見聞し、農家グループで語り合っていくなかで気づきは生まれていくのにちがいない。

　とはいえ、自らの能力だけに依存していても、気づきの広さや深さにはどうしても限界がある。一方では気づかせてもらうことも必要である。それには、農業普及員、技術専門家、行政担当者などの関係者および互いによく知り合う農家との対話や意見交換、研究会や技術講習会への参加、さらに自らの圃場への関係者招待による直接指導や市場への同行などが欠かせない。関

係者の側でも、気づかせるノウハウやスキル、そのための豊かな経験を持ち合わせていなければ、容易には気づいてもらえないだろう。

　ともあれ、最も効果的な気づきは、気づきを自らの課題に変えて試行しその過程で新たな問題に気づくこと、それをまた次の課題にして挑戦していくことで、連続する気づきが自己に内部化していくことである。気づきに発する自律化、気づきを試行に変換し何らかの達成感で得られるコンピタンス、気づかせてもらう有用な関係性が相乗効果をなして、自己の意識と行動が変革していくといえるであろう。

　もっとも気づきは自らの意思で考えて行動するという自律性欲求が前提であることはいうまでもないが、そもそも発展志向性なり意欲に乏しく意識が低い農家においては、気づきとか自律性を期待すること自体がむずかしい。あるいは長期にわたり連綿と続いてきた慣行的な営農システムのなかで、低生産性・低所得の水準にありながらも最低限の食料や生活が保障される安定した均衡にあって、そこに何らの不自由さを感じなければ、あえてリスクや不確実性を負ってまで新しいことに挑戦することはない。したがって何かに気づくこともない。しかしながら、それでは農家と農業の発展は遠のいてしまうだけであろう。農家が何かに気づいて行動変容を起こす仕組みや仕掛けが必要となるのである。

3．問題解決学習とファシリテーターの役割

（1）問題解決学習とは

　気づきという動機づけから行動を起こして何らかの課題解決に向かう仕組みとしてよく知られている手法が、問題解決学習（Problem Based Learning, PBL）と呼ばれるものである。問題解決学習とは、実世界で直面する問題や問題解決への想定シナリオを念頭において、問題の構造を解明し解決手段を探し出すための知識、問題解決に向けての能力や態度等を身につける学習のこととされている[(4)]。平たくいえば、当事者が自ら抱えている

問題を発見し、その問題を解決する過程で主体的にさまざまな知識を学び、解決していく能力を体得する学習の仕方である。これをグループで実施する場合には、グループワークやディスカッションなどを通して問題の所在を明らかにし、議論を重ねて解決の方法を導いていく。

コーネル大学Center for Teaching Innovationによれば、問題解決学習の作業手順は次のようになっている[5]。問題の所在を明確にする→問題の性質を関係する既存の知識と情報により確認する→問題の解決にあたり何を新たに学ぶ必要があり、またどこで必要な情報と手段を入手するかを決定する→問題解決にあたりいくつかの可能な選択肢を検討する→問題を解決する→一連の過程を記録に残しておく、ということである。この過程を通じて、思考力が鍛えられる、知識が定着しやすくなる、応用力が高まる、表現力が豊かになる、情報リテラシーが身につく、などの学習効果があるとされ、グループによって実施される場合には、さらにチームでの協働力、プロジェクト管理能力、コミュニケーション能力、説明力・判断力・分析力などが高まっていくと期待されている。

この問題解決学習は主として学生を対象としまたグループ活動に力点をおいているが、農家および農家グループにおいても十分に適用できるものと考えられる。むしろ実際にさまざまな現実的な課題に直面しているこれら実務者のほうが、問題を解決するアプローチとしてはるかに身近なものに感じられよう。

問題解決学習は仕組みとして取り組むべき理想的な方法と考えられるが、農家および農家グループの現実に照らしてみた場合、実際には考慮すべきいくつかのポイントがある。

第1に、気づきから掘り起した問題の発見が、当事者あるいはグループの当面している解決すべき課題として重要度が高いものかどうかという点である。問題の発見が単なる思いつきではなく、農家の営農システム全体から考えて、発見した問題が何らかの課題の解決にあたって優先順位が高いものなのかどうか、またその解決が次の段階で想定される課題の設定と解決にどの

ようにつながっていくのかというように、先々のことを十分に予見しながら
問題の所在を見極めないといけない。

　第2に、選択する解決手段が、技術と知識を習得する確実性、経済的な受
容可能性などさまざまな側面から判断して合理的であるかどうかという点で
ある。これらの条件が満たされないものであれば、手段の採用は難しいもの
となるであろう。とりわけ習得の対象となる技術と知識の程度が自己の能力
をはるかに超えるものであり、そのためのコストが高価でしかも生産性向上
など成果の発現に時間を要するものであれば、現実性に乏しい手段の選択と
なる。

　第3に、問題の発見や解決手段の選択に必要な情報が信頼するに値するも
のかどうかという点である。正しい情報なのか、必要な情報なのかどうかの
見極めは情報リテラシーに関わることであるが、情報を取捨選択しそれを論
理的に組み合わせる能力が判断の適否を大きく左右する。さまざまな情報を
鵜呑みにせずよく精査して、使えそうな情報を手助けとしながら問題の発見
や解決手段の合理的な選択に導いていく能力はきわめて重要である。

　第4に、問題の発見から解決手段の選択および解決に至るプロセスを俯瞰
的にモニタリング、評価して、それが正しい方向かどうかを見極めるという
ことである。そのためには多角的な視点からよく確認し、場合によってはプ
ロセスを批判的に検討することによって新たな選択肢を見出していくことが
必要な場面が出てくるかもしれない。そのためには自己評価だけでなく第三
者の意見を取り入れることも必要であり、また客観的で科学的な検証と評価
のために、測定可能なデータや記録を残しておかなければならない。

　このほかにもまだ留意しておくべき点があるかもしれないが、こうしたチ
ェックポイントをすべて自己責任のもとで行うには相当な負担を要する。農
家グループが常日頃から集会を開いて、個々の農家が抱える問題やその解決
手段について話し合い、何らかのアイデアや提案を示し、また異なった見地
から知識や情報を提供することもあるだろう。それが、発見した問題の掘り
下げや新たな問題の発見、さらには解決手段の代替案が示されたりすること

につながるかもしれない。また農家グループ自体で取り組むべき課題やその解決のあり方について議論を広げることやほかの農家グループとも連携して農村コミュニティのレベルでの課題や解決手段について話し合い、そのための知識や情報を集積していくこともあるだろう。その結果として、前述したグループとしての学習効果が高まっていくことも期待できる。とはいえ、同じ農村コミュニティ内部の農家グループでは、同じような発想や提案に陥りやすくなる傾向は否めず、斬新なアイデアを外部から持ち込む必要に迫られよう。

（2）ファシリテーターの役割

　問題解決学習を外部からサポートし、そのプロセスをファシリテートする役割を果たすのは、農業普及員、行政担当者、国内外のNGO、さらにはプロジェクト関係者などである。これらのファシリテーターは、農家、農家グループ、農村コミュニティのそれぞれのレベルにおいて、問題の発見から解決手段の提示、情報や知識の提供、そしてこれらのプロセスの評価に至るまで、農家や農家グループに寄り添いながら、彼らの主体性、自発性を尊重しつつ支援できる立場にある。ほかの地域や農家グループにみられる優良事例の紹介、将来を見越した売れ筋商品の市場見通しについての情報提供、産地売り場の設置や販売方法の指導、技術講習会の開催、経営・財務管理および記帳の指導、国や地方が計画し実施する農業開発プロジェクトへの参加誘導など、多面的な役割を果たすことができるであろう。とりわけ農業普及員は農家や農家グループにとって身近な存在であり、技術、経営から生活に至る細かいところまで相談してもらえる相手である。地方の行政担当者もまた、農業投入財への補助とか公的融資など政策面で助言してくれるであろう。中央政府ないしは地方政府が国際協力の支援を得ながら受益者参加型で進めている農業開発プロジェクトの場合にも、プロジェクト事業進行の過程で人材育成につながるケースがある。

　例えば、かつてマラウイで実施された小規模灌漑農業開発事業は、JICA

が技術協力プロジェクトとして深い関わりをもって進められた。この事業は簡易な灌漑農業開発技術を農家に普及して、彼らの自助努力によって事業終了後も灌漑施設を維持管理し、食料の増産と安定に資することがねらいとされ、普及の過程で農家・農業者の能力を育成し向上させることが主要な国際協力のコンポーネントに組み込まれた。この技術協力プロジェクトで、農家に対しどのような人材育成アプローチがとられまた成果があったのかについて、かつて当プロジェクトの技術専門家であった金森の論文[6]に依拠しながらそのポイントだけ記せば、以下の通りである。

　目的は乾季でも農作物が栽培・収穫できるよう灌漑施設を整備することであるが、そのためには農家に受け入れやすい技術でもって当地で入手できる資材を使った灌漑施設を建設、コストを可能なかぎり抑えしかも短期間のうちに建設が完了して稼働し、早めに便益が得られることが条件とされた。選択された技術は農家でも建設可能で利用しやすく維持管理できる重力灌漑施設であり、灌漑と農業を組み合わせた技術パッケージが普及の対象とされた。普及方法としては、イラストなどを用いた可視的な教材の開発とその配布であり、教材を使った技術の農家への直接指導は、プロジェクトの専門家とカウンターパートによってすでに技術が移転された地元の農業普及員によって行われた。普及技術は研修を受講した農業普及員から受講しなかった農業普及員へ、また研修に参加した中核農家からほかの非参加農家へとつながって広まっていき、技術普及の持続性を担保した。

　農業者の人材育成という側面でこのプロジェクトから導き出される教訓は、受益者に対して技術の導入に伴い期待される具体的な成果を説明したうえで、計画と実施のプロセスを通じて受益者が参加し、しかも導入される技術が容易で低コストであり、効果の発現が速いという条件のもとで、プロジェクトへの参加意識が高まり動機づけが促されたという点である。かかる動機づけを促したのが農業普及員や中核農家であり、参加した農家は実施の過程で技術を習得していった。プロジェクト終了後もこの事業は普及しながら広域化し、参加農家は増加していった。灌漑施設の建設により、農家は雨季・乾季

にかかわらず年間を通じて食料（ここでは主にとうもろこし）を生産することが可能となり、農家の食料安全保障は高まった。

　このようにプロジェクトの目的が明確でまた習得した技術でもって成果が早めに発現されれば、たとえ動機づけが外から与えられたものであったとしても、学習意欲は旺盛になり、自信もついて新しいことに挑戦する意欲が高まっていくことが明らかになった。前述した「売れる農産物づくり」を目指すSHEPアプローチにも、まったく同様のことがいえる。JICAだけでなく途上国の農村で活動を展開するNGOや民間セクターにおいても、農業開発事業を進めながら人材育成を図るといった類似の事例はいくらでもあるが、ここでは割愛する[7]。

4．人材育成に必要な周辺環境の整備

　農家や農家グループの人材育成に資する問題解決学習と外部のファシリテーターによる働きかけについてみてきたが、これをさらに実効性の高いものとするためには、働きかける側においても、また農村コミュニティと農家との関係および農家の内部でも、考慮すべき点がいくつか出てくる。ここでは、ファシリテーター自体のキャパシティ・ビルディング、農家グループのリーダー育成、農村コミュニティの自己変革、農家世帯レベルでのジェンダー配慮について触れることにする。

（1）支援人材の能力向上

　農家が自助努力により能力を高めるためには、農家を支援するさまざまなアクターなりファシリテーターなど周辺人材のキャパシティ・ビルディングが伴わなければならない。特に、農家との接触が多い農業普及員の能力向上は不可欠である。

　農業普及員は、農家へ指導するために必要な技術や知識を習得することはいうまでもないが、農家に対して何らかのプログラムへ参加するための動機

づけを与える立場にもある。そのためには、具体的で可視化しやすいプログラムの説明により農家の参加を誘い出す能力が必要であり、農家の立場や見方に立った深い理解と洞察を示すコミュニケーション力を持ち合わせていることが前提になる。また農家がプログラムに沿って自ら動き出すまでの助力、参加プロセスの見守りと場面に応じた適切なアドバイスにも、農家は農業普及員に期待を寄せるだろう。技術、知識だけでなく、農業投入財、市場、制度、政策などに関する情報の提供およびその利用方法、学習できる場の提供、農家グループなど組織形成も農業普及員にとっては重要な任務である。こうしたさまざまな任務を遂行していくためには、農業普及員自身が絶えず学び、技術や知識を更新し、情報を集め、伝達指導するためのコミュニケーション力をより一層磨いていかなければならない。また担当する農家だけでなく、農家なり農家グループが所在する農村コミュニティについても、社会的ネットワークなどの内情をよく知って、普及伝達の効果的な方法を考えておくことが大切である。

　同様のことは農業普及員だけでなく、行政担当者、NGOなどにおいてもいえることであるが、さらにより広く捉えて、フードサプライチェーンに連なる農業投入財のサプライヤーから農産物の輸送・流通の関係者に至るあらゆる民間セクターのアクターについてもまた同じことがいえる。これらのアクターは、農家のニーズをよく理解して、使いやすく有益な農業投入財の開発と供給、農産物の品質劣化を防ぐための貯蔵と輸送、農産物の適切なユーザーへのデリバリーと価格づけなどについて、絶えずスキルアップと知識の習得に努めるとともに、アクター間で効率的な連携のために知識や情報を共有し、そこから新たなビジネスチャンスを広げていくことに努めていくことも重要である。

　このように人材の育成を農家だけでなく、多様な支援人材、民間セクターのアクターまで広げていくことにより、農業開発に向けた有機的な協働関係を構築することが可能となっていくであろう。

（2）農家グループのリーダー育成

　農家グループが、グループを構成する個々の農家への支援やアドバイス、グループとして取り組む事業の計画と実施、農村コミュニティでの行政機関やNGOなどから紹介された事業プロジェクトへの参画・参加およびほかの農家グループとの調整などにおいて、リーダーがそのとりまとめ役として重要な役割を果たすのはいうまでもない。リーダーはまた、農家グループや農村コミュニティを超えた地域レベルでの事業プロジェクトに対しても、農家の意見や提案をまとめ、調整する役割を担う。一方では、洪水や干ばつなど自然災害の発生、生産資源の枯渇、環境の劣化など、農家や農村において農業や生計の持続性を損なう恐れが生じた場合には、リーダーを中心にして、災害復興や防止策、環境に配慮した農業生産や農家生活への誘導と指導を立案し実行する手はずを整えていかなければならない。したがって、リーダーの資質や能力およびその向上は、農家や農家グループの発展と安定にとってきわめて重要である。農業普及員との相談や農業普及員からの提案を受ける最初の窓口となるのも、たいていの場合農家グループのリーダーである。

　ともかくもリーダーには、農家および農家グループが設定した目標を実現していくために、農家等との相談や指導、農業普及員など外部者との連絡・調整など多様な役割が求められ、リーダー自体も、そうしたスキルを高めていくことが必要である。スキルの向上は社会的責任を伴う現場での経験を積み重ねることによって磨かれていくが、リーダー養成ための研修会への参加、リーダー間でのディスカッションを通じてスキルを高めていく努力も必要である。一方では、事業のモニタリングと評価を実施する過程で、リーダーシップが成果にどのように反映されているかを何らかの客観的な指標を使い、リーダーの自己評価、第三者評価により計測し、その役割を可視化、またリーダーとして改善すべき課題を明らかにしていくことも重要である[8]。

　能力の高いリーダーが、農家や農家グループが設定した目標実現に向けて力強い動機づけを与えることは疑いようがなく、農家間の意思疎通や農家グ

ループの統制においても、有能なリーダーの存在は不可欠の要素である。

（3）農村コミュニティの自己変革

　農家が新しい技術を導入また農家グループが新規に何か事業を起ち上げるといった場合、農村コミュニティに共通の理解をもってもらうことは、社会的摩擦を回避するうえできわめて重要である。新しい技術の導入や新規の事業が農村コミュニティの伝統的な制度や価値に照らして受け入れがたいとなれば、新しい試みはむずかしいものとなる。例えば、農家のレベルあるいは農家グループのレベルであれ、農業機械が導入されるとなれば、農家間で行われている労働交換慣行に変化を迫ることになるだろう。灌漑施設を新たに建設する場合にも、これまでの水利慣行制度の変革を余儀なくされる事態に直面する。たとえこういう試みが生産性を引き上げ、食料の増産につながるものと理解できたとしても、農業生産のレベルが低い段階で、万一自然災害や病虫害の発生によって引き起こされるかもしれない減収というリスクや不確実性を考慮に入れれば、その成果がいまだ不確かな技術の導入や制度の改革を受容することに、農村コミュニティは慎重にならざるをえない。これまで社会的価値を成員による相互扶助においてきた農村コミュニティにおいて、慣習と態度を変えるのは決して容易でない [9]。

　したがって、時間は要するであろうが、新しい技術の導入と新規の事業が農村コミュニティのなかで効果があると認められるよう、農家や農家グループは手応えのある実績を積み重ねていかなければならない。そのためには、農業普及員や行政担当者、NGOおよびプロジェクト関係者など外部からの協力と支援を伴いつつ進めていくことが肝要である。他方で農村コミュニティでも研修会を開催して、新しい技術や事業、これに伴う制度変革に理解を深めていくよう努めるとともに、農村コミュニティを構成する成員の不安や摩擦を緩和するために、例えば、緊急時に備えた食料の備蓄と適正な分配、農業生産資源の安定確保、環境と社会・文化の保全などに配慮していくことが必要である。そして農村コミュニティによる理解と協力が深まっていけば、

農家や農家グループはモチベーションをさらに高めて挑戦を続け、やがて新規の技術と事業は農村コミュニティ全体に広がりをみせて、新しい段階へと進んでいくものと考えられる。

（4）農家世帯レベルでのジェンダー配慮

　農家は、主として営農に従事する農業者だけでなくその妻や子どもなどによって構成されている。作物栽培や家畜飼養の各部門が夫婦によって別々になされている場合があり、また世帯仕向けの作物栽培や家畜の世話は妻や子どもに任せて、主人は市場向け農産物の生産や販売、営農資金の工面などにあたる場合もある。新しい技術の習得についてもまたしかりで、男性農業者が中心となる。家族における農業のあり方にはさまざまなケースが考えられるが、ともかく営農活動は家族全体であたるとしても、主要な経営判断は主人に依拠するのが大部分のケースであろう。

　その一方で、子供たちに就学の機会を与える、家族に医療サービスを受けられるようにする、家屋を改築・新築する、さらには快適に暮らすための財やサービスを調達するなどといったような願望が家族のなかで膨らんでいけば、これらの願望を満たすこと自体が農業の生産性を高め所得を増加させる動機づけとなり、そのために新しい技術や農法を取り入れようとするであろう。子供たちがそのことに強い関心をもって習得し圃場で試みれば、その採用は速まるかもしれない。

　さらにここで強調しておかなければならないのは、ジェンダーへの配慮である。特に農家の配偶者（妻）への配慮である。とかく農村女性に対しては、知識やスキル上達のための研修や訓練の機会が不十分であるばかりでなく、営農に必要な農業資機材や融資へのアクセスおよび情報や市場へのアクセスが脆弱であり、また経営上のリスクを引き受けるほどの能力に乏しいといわれている[10]。したがって、農村女性にとっては、農村コミュニティ内のインフォーマルな寄合が情報や知識およびスキルの重要な入手源であり、農地や資金など経営資源へのアクセスには大きな制約が課せられている。

農村女性を取り巻くこうした不利な環境を改善し、彼女らの能力を育て活かしていくことは、農家と地域農業の発展にとりきわめて重要である。そのためには、インフォーマルな寄合をフォーマルな形に組織化して、そこに女性を対象にした技術や知識を体得するための研修や訓練、各種情報の提供、資源アクセス改善のための行政や民間セクターへの働きかけ、生計向上に資する女性への起業化支援、農家生活の改善指導などを通じて能力を高めていくことが必要である。

　農村女性を取り巻く営農環境条件の整備や能力の向上にはかなりの時間と努力を要するであろうが、女性のエンパワーメントが農家世帯員間の共創と協働により、農業と農家の発展を押し上げていくのは間違いない。

5．おわりに

　人材育成のための出発点は、農業者の動機づけであり、その動機づけには問題解決学習による気づきの連続と実践、一方で農家・農業者を取り巻く周辺のファシリテーター、アクターによる何らかの働きかけが必要ということを述べてきた。また支援人材の育成、農家グループのリーダー育成、農村コミュニティの自己変革、農家でのジェンダー配慮が、農家の気づきと動機づけおよび能力の向上にとって不可欠の要素であると指摘した。

　これは農家に対する人材育成へ向けての一つのアイデアを示したものに過ぎないが、ここで述べてきたような単線的なシナリオだけで農家の能力向上が図られるとは考えにくい。農家には気づきから課題の設定と解決に向かう過程で、さまざまな制約条件や阻害要因があり、また気づかせにくくしている社会的背景があるかもしれない。その社会的背景には、気候変動や自然災害などから住民の暮らしを守るために相互扶助を基礎とした伝統的なネットワークがあり、また経験知や暗黙知に依拠した知恵や技（わざ）の存在により当座のセーフティネットは確保されているという事情があるかもしれない。比較的安定した伝統的社会から新しい発展のベクトルを創出し、それを担う

人材を育成するというのは決して容易なことでない。

　農家や農村コミュニティを取り巻く社会環境が大きく変化し、また家族世帯員の増加や財・サービスの確保に対する家族の願望が大きくなれば、新しい技術の導入や知識の応用を通じた農業の生産性向上と農家の所得増加へと目標を置かざるをえないであろう。

　農家が農業へ向かう発展プロセスは、生活の維持を目的とした生存農業→利益の増加を目的とした経営的農業→企業利潤の最大化を目指したビジネス農業→社会的利益の追求を併せ持つソーシャルビジネスへと進化していくであろう。当然のことながら、発展プロセスのコンテクストに沿いつつ、農村コミュニティもそれにふさわしい社会変容を遂げていく。そして局面が移行するごとに、設定する目標、要求される人的能力のレベルやコンテンツ、能力開発のあり方も大きく変化していく。それに合わせて人的能力を育成する側では用いる教材や研修方法を工夫していかなければならない一方で、農家は新たに培われていく能力でいかなる目標を立て、またどういう成果を産み出すかをイメージしなければならない。それと同時に、農業を後継する者や新規に就農する者に対して、何を引き継ぎ、何を新たに開発してもらうかも、話し合いのなかで伝えていく必要があろう。人的能力の育成が農業の持続的発展において、キーワードとなる所以である。

注と参考文献
（1）モチベーション理論（動機づけ理論）、*Invenio Leadership Insight*, https://leadershipinsight.jp/explandict/%E3%83%A2%E3%83%81%E3%83%99%E3%83%BC%E3%82%B7%E3%83%A7%E3%83%B3%E7%90%86%E8%AB%96%EF%BC%88%E5%8B%95%E6%A9%9F%E3%81%A5%E3%81%91%E7%90%86E8%AB%96%EF%BC%89%E3%80%80motivational-theory（2022.5.1）
（2）SHEP（市場志向型農業振興）アプローチ、（独法）国際協力機構，https://www.jica.go.jp/activities/issues/agricul/approach/shep/index.html（2022.5.2）
（3）国際協力機構（2016）：「現場の声からひもとく国際協力の心理学—農村開発分野のプロジェクトを事例として—」、132p.
（4）溝上慎一・成田秀夫編（2016）：「アクティブ・ラーニングとしてのPBLと探究的な学習—アクティブ・ラーニングが未来を創る—」、東信堂、176p.

(5)Problem Based Learning, *Cornell University Center for Teaching Innovation*, https://teaching.cornell.edu/teaching-resources/engaging-students/problem-based-learning（2022.5.6)

(6)金森秀行（2018）：マラウイ国の人材育成による持続可能な小規模灌漑農業開発の協力アプローチ、農業農村工学会誌、第86巻第10号、農業農村工学会、pp.13-16.

(7)NGOによる途上国での小規模農家を支援対象としたソーシャルビジネスにはさまざまな活動の形態がある。その活動目的は総じて小規模農家の食料増産と貧困削減であり、農業投入財の調達から農業生産、加工、輸送、そして販売に至る一連の活動を、農家グループの形成を基礎にして進めている。これにより農家の自律性を高め、支援が終了したのちに自助努力できるように仕向けているが、フォローアップした活動を継続しているケースが多い。

(8)IFPRI（2008）Capacity Development in Agriculture and Rural Sectors: Lessons and Future Directions, *An International Workshop, InWEnt Capacity Building International and The International Food Policy Research Institute*, 28p.

(9)A.T.Mosher（1966）*Getting Agriculture Moving : Essentials For Development and Modernization*, The Agricultural Development Council, Inc. Frederick A. Praeger, Publishers, 191p.

(10)Julia Kooijman（2021）Capacity building in agricultural development projects: A case study about women smallholder farmers in Kerala, India, *Master thesis submitted to Delft University of Technology in partial fulfilment of the requirements for the degree of MASTER OF SCIENCE in Complex Systems Engineering & Management Faculty of Technology, Policy and Management*, 87p.

第8章　フードバリューチェーンと農業の発展

1．はじめに

　途上国では、経済発展にともない都市化が進行しながら１人あたりの平均所得が増加し、とりわけ富裕層と呼ばれる高所得者やそれに続く中所得者の比率が次第に高まってきている。高・中所得者は、食料の消費においてその高度化や多様化が進み、付加価値が高く品質にすぐれ、また安全性が保証されている食料と農産物を購入しようとする。また外食の機会が増え、加工食品や調理済み食品を進んで購入している。経済がさらに発展し平均所得がより一層増加していけば、豊かな人々の数が増えてその人口比率はさらに高くなり、高品質で安全性が保証された食料と農産物および外食や調製した食品などの食サービスに対する市場需要の規模は大きくなっていくであろう。

　高品質で安全性に配慮し、規格が統一された食料や農産物に対する消費者のニーズが高まっていくほど、スーパーなど近代的な販売先で購入する頻度が高まり、それに連なる流通、輸送、食品加工、貯蔵そして農業生産のプロセスもまた高度に洗練されていく。

　このように消費者の食に対するニーズの高まりを起点として、この動きに呼応する形で、販売・流通→輸送→食品加工→貯蔵→農業生産という川下から川中そして川上に至るフードシステムの流れ全体が、それを構成する各部門の価値連鎖をともないながら高度化していく。これをフードバリューチェーンと呼んでいる。消費者の行動変容を起点にするだけでなく、例えば、流通や輸送の段階で技術的革新、制度的革新が起こり、そこからこれらの革新効果が川下と川上の両面に波及して何らかの価値を産み出す契機が生じるこ

とも当然起こりうる[1]。

　他方、AIやIoTなどICTの急速な発展による高度情報化社会の到来は、フードシステムに連なる各部門がもつ膨大なデータとその分析結果をもとに、部門間で情報を連結して、そこに新たな価値を産み出す仕組みをつくり上げている。これをスマートフードチェーンと呼んでいる。

　フードバリューチェーンにせよあるいはスマートフードチェーンにしても、構成するそれぞれの部門が新たな価値を創造し、それが連なり積み重なっていけば、フードシステム全体としての総体価値は大きくなり、雇用と所得が追加的に創出される機会が増えていくであろう。

　途上国においても、もはや農業が単独で存立する時代ではなく、現在では農業と食料・農業関連産業が深く関わり合いながら相互に発展していく関係を構築するに至っている。その枠組みがフードバリューチェーンであり、またスマートフードチェーンなのである。

　本章では、フードバリューチェーンを枠組みとしながら、そのなかで農業がどのようなインパクトを受けて発展の経路を辿っていくのか、また新型コロナウイルス感染症（以下、COVID-19と略す）によって引き起こされた課題の解決にあたり、急速な進展を遂げたスマートフードチェーンが今後どのように展開すると期待されるのかについて、論点を整理することとする。

2．フードバリューチェーンが農業発展に与えるインパクト

（1）フードバリューチェーンと農業発展の関係

　図8-1は、フードバリューチェーンの枠組みと物流を模式図にして示したものである。

　消費から、販売、市場・流通、食品加工、農業生産、そして農業資機材の供給に至るまで、食を通じた部門間の関係性をみたものである。この矢印にはモノとサービスだけでなく、情報、資金の流れも内包している。とくに農業生産に着目した場合、その流れは直接それぞれの部門と直結していること

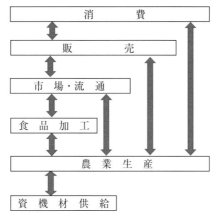

図8-1　フードバリューチェーンの枠組みと物流
出所: 筆者作成

を示している。

　フードバリューチェーンの発展にともない農産物を生産する農業もまた、大きなインパクトを受けていることはいうまでもないが、そのシグナルはさまざまな経路から入ってくる。

　最も簡潔なシグナルは、消費者から直接伝えられてくるものである。消費者が高品質（鮮度・外観・規格・熟度など）でかつ安全（GAP認証・有機認証など）な農産物、例えば野菜・果実を求めるのであれば、文字通り高品質で安全であることが何物にも代えがたい付加価値であり、その付加価値が消費者のニーズを満足させ、支払い意思を決定づける。この販売方法には、直売、産直、宅配、ネット販売やカタログ販売、スーパーでの特設コーナー（インショップ）など多様な形態があるが、安全性認証、産地や生産者の表示などで、生産者が消費者の信頼を確保することが最低限必要である。ただし、日常的に農産物を買い求める消費者が近くに存在すること、直売などの場合収穫した農産物を陳列して販売する場があること、農産物の輸送や貯蔵の施設が整っていることが不可欠の条件である。また、近くのスーパーの市場価格や顧客の動向に関する情報をたえず観察しておくことも重要である。

しかしながら、農産物の品揃え、価格の設定、販売所の確保、鮮度維持、顧客の呼び込みなどに多くの時間と労力を要し、生産者個人や小グループの対応ではどうしても限界がある。実際には、ファーマーズ・マーケットのようにかなり限定されたものになってしまう。生産者と消費者がグループとして取扱量や価格について契約を結ぶ産消提携の方法もあるだろう。

こういった関係を取り結ぶことで、消費者にとっては品質のよい安全な野菜・果実を手近かに入手することができ、一方生産者にしても消費者のニーズを汲みながら生産した収穫物を安定的に供給できる受け皿ができる。しかも輸送・流通コストが大幅に削減されることから、生産者の手取り額は大きくなる。

第2のシグナルは、市場や流通に関する技術やシステムの改革・改善に由来するものであり、農業を飛躍的に発展させる可能性を内包している。

技術の面でいえば、農産物輸送のためのコールドチェーンの導入や市場に持ち込まれる農産物の検査、仕分け、規格、梱包などの自動化・機械化などである。コールドチェーンは、収穫した農産物の鮮度保持や品質管理に大きく寄与し、また市場での作業工程の自動化・機械化は農産物の損耗を防ぐとともに作業時間を大幅に短縮する。

システムの面でいえば、産地や販売先などでの豊富な情報をもとに需給状況の分析や需給予測に基づいた正確で透明性の高い価格の形成、トレーサビリティによる情報伝達と取引過程の明示化および迅速化、流通上での農産物の安全性をチェックする検査体制などである。生産者にとって正しく設定された取引価格は農業経営の設計と計画には不可欠であり、農産物を取引している市場流通の過程で安全性を含め何らかのリスクや不確実性が生じた場合に、その原因を追求できる仕組みがあれば、農産物が消費者へ届く前に原因を突きとめて対策を立てることができる。生産者が消費者からの信頼を得るためには、こうした適正な価格形成、情報開示の透明性、リスク防止などの仕組みがどうしても必要である。

さらに物的な施設としての貯蔵庫の整備も、需給の調整や価格の安定のた

めになくてはならない。加えて貯蔵庫は農産物を鳥獣害、腐敗および損耗から防止することにも役立つ。また貯蔵庫の内部が空冷調節されていれば、農産物の品質保持にも寄与する。

　生産者が市場を経由して農産物を流通させ、消費者へ販売するというオーソドックスな経路において、この部門の技術、制度および施設の発展により、農業生産部門は高品質の農産物を消費者へ届けることができるという大きな恩恵を受ける。そのための条件として、市場や道路など物的インフラの整備、安定的な電力の供給、豊富なデータベースの蓄積、優れた人材などが確保されていなければならない。

　第3のシグナルは、食の簡便化、カジュアル化にともなう多様な加工食品の製造である。このためには、規格や品質の安定した原料農産物の供給が不可欠である。加工食品は一次加工程度のものから高度に加工されたものまで多様であり、またその製造主体も企業ベースの大規模なレベルから零細な家族規模のレベルまで様々であるが、大規模な食品加工企業では、原料農産物を自社農場での生産に加えて農家グループと契約の形態で確保することが多い。

　また原料農産物から加工製造に至るまで、安全性を確保することが必要条件である。食品の製造工程で危険要因を分析（Hazard Analysis）し、特に重要な工程を重点的に監視（Critical Control Point）し記録することにより、最終製品の安全性を担保するシステムがHACCPといわれるものである。このシステムのなかで安全な原料農産物を調達するために、生産者にはGAP（Good Agricultural Practice）認証を求めるケースも多い。

　食品加工企業から生産者に対し、規格、品質、安全性の面で優れた原料農産物が要求されることに応じて、生産者は食品加工企業からの栽培指導を受けて原料農産物の量的拡大と質的向上に努めなければならない。

　第4のシグナルは、効果と効率の高い多様な農業資機材の供給である。優れた改良種子、肥料、農薬、農業用資材、農業機械、農業用施設など農業資機材の供給業者が製造・販売し、生産者が購入し利用していけば、農業生産

の効率は向上して生産性が向上、また農産物の品質も改善していくであろう。ここで重要な点は、農業資機材がタイムリーにまた安定的に供給されるということと、その適切な使い方ができるよう生産者に対して指導し訓練する学習の機会を設けるということである。要するに、生産者が農業資機材を効果的に利用するためのアクセスを改善することがポイントとなる。また購入できるよう可能なかぎり安価であることも条件である。

　以上みてきたように、農産物や食品に対する消費者のニーズの高まりを起点として、その期待に呼応するために、生産者が直接消費者へ働きかける販売の仕方、市場と流通に関わる技術とシステムの改善、食品加工の発展、そして農業資機材の安定的な供給が、生産者に様々な利益と便益をもたらし、その結果として安全性に裏づけられた高い品質をもつ農産物の生産が増加していくものと期待される。

　他方で、その確実な実現のために、生産と流通・販売に関わるインフラの整備、情報の受発信とそのネットワーク化、農業技術の開発と普及、研修や訓練の機会、低利のクレジットサービスなどが、生産者に提供されなければならない。

　また、フードバリューチェーンが地域や国内に限定される必要はなく、農産物や食品の輸出、農業資機材の輸入、食品加工や流通・販売の分野への海外民間投資の誘致など、より外へ開かれた形でフードバリューチェーンが展開していけば、農業生産部門のビジネス機会はより深く広がっていくにちがいない。

　フードバリューチェーン自体の発展が、農業生産部門に新たなインパクトを与えることも考えられる。例えば、AIやIoTを駆使した農産物・食品の貯蔵と輸送の部門連携によるコスト削減的で作業効率がよく、品質の維持が保証され、タイムリーにデリバリーできる最適なロジスティックス・ソリューションが見出されれば、それに対応できる革新技術を用いた農作物の栽培と加工業者にあっては加工食品の製造方法を考え出す必要に迫られる。

　ともかくも、フードバリューチェーンの枠組みとその発展のなかで、農業

生産部門はほかのさまざまな部門や経路から多様なインパクトを受けながら、フードバリューチェーンの発展が農業生産部門の自己変革を促す重要なインセンティブとなっているのである。

　この具体的な様相をみるために、国際協力機構（以下、JICAと略す）が支援してきた「ベトナム北部地域における安全作物の信頼性向上プロジェクト（2016 〜 2021年）」を参考事例にして、フードバリューチェーンが農業へいかなるインパクトを与えたのかを中心に整理することにする[2]。

（2）ベトナム北部地域における安全作物の信頼性向上プロジェクト

　ベトナムでは、1人あたりの所得水準が上昇していくにつれて、消費者の間では、近年、高品質で安全性に配慮した農産物に対するニーズが高まってきている。この動きに対応するために、政府はVietGAPやこれよりも条件が緩やかなBasicGAPを制定し[3]、これらに則った生産の普及拡大を目指してきたが、まだ生産者の間で定着してきたとはいえず、その進展が大きな課題であった。一方流通面では、農業生産主体（農業協同組合、農業生産法人、農家グループ）と購買者（集荷業者、加工業者、卸業者、小売業者、レストラン、病院など）の間を結ぶ適切なマッチングの仕組みが確立されているとはいえない状況にあった。

　そこで、安全作物の信頼性向上プロジェクトは、安全な作物（ここでは野菜）の生産振興および生産者と購買者の間での信頼の醸成をベースとした安全な作物のマッチングを図ることを目的として、対象地域を紅河デルタ沿いの2市11省とし、2016年から5ヵ年にわたり事業を開始した。期待される成果としては、関係者による安全作物の生産に対するモニタリングおよび管理能力の向上、GAP（Basic GAPなど）に則った安全作物の生産から消費までのサプライ・チェーンのモデル提示、生産者と購買者の安全作物の生産と食の安全に関わる意識の向上が掲げられた。ここでは、特に流通の面に焦点を絞って事業活動の成果と今後に残された課題について整理することにする（熊代ら、2018）。

流通面では、農業生産主体と購買者のマッチングを推進するために、潜在的な購買者の発掘→対象となる農業生産主体のマーケティングの準備→マッチングの実行、を流れとして活動の柱に据えられた。購買者の発掘では、農業生産主体が、生産した安全な野菜に対する購買者の公募、関係者間のネットワークを通じた有望な購買者に関する情報収集が行われた。マーケティングの準備では、農業生産主体では栽培・集荷・配送などに関する情報を、また購買者では年間の時期別種類別野菜の需要と安全な野菜の基準に関する情報を双方がプロファイルとして作成し、農業生産主体は需要の情報をもとに購買者をターゲットにしたマーケティングの研修とその実行計画を策定、また共同販売の体制や手順について研修を重ねた。そしてマッチングの実行では、農業生産主体と購買者による個別対応のほかに、マッチングイベントの開催日を設け、農業生産主体と購買者が一堂に会してマッチングを図ることが行われた。

　その後5年間に至る間にどのような成果がもたらされたのであろうか。本プロジェクトのJICAプロジェクト事務所からほぼ毎月発行された「Safe Crop Project News」によれば、プロジェクト実施期間中、生産者と購買者のマッチングを目的としたワークショップ、セミナー、展示会およびそれらの組み合わせによる6回にわたって開催された安全作物ビジネスフォーラムなど（2020年11月号）が、熱心に行われた。その結果、2021年5月号のニュースによれば、①農業生産主体の各グループは市場の需要に基づいて生産計画を立てるようになりまた共同出荷量も毎年増加している②プロジェクトのマーケティング担当者が各グループに安全野菜販売を促進するためのマーケティングツールの開発支援を行った③直接またはイベントに参加する形で行われたマッチングは販路開拓に結びついており、各グループは顧客と契約書を締結し生産を拡大することができていると記されている。

　プロジェクト期間の終盤ではCOVID-19パンデミックの影響があり、いろいろと苦労もあったと考えられるが、農業生産主体と購買者のマッチングは成果が上がったように見受けられる。マッチングは両者に存在する情報の非

対称性を解消しつつ双方が歩み寄って成り立つものである。ビジネスフォーラムの開催はそのための有効なツールだったと考えられる。

　そのマッチングを市場に委ねて調整するほどまでには、ベトナムの市場は成長しておらず、市場の果たすさまざまな機能も十分とはいえないのが実情である。したがって、農業生産主体が潜在的な購買者を積極的に発掘して販路の経路や手段を状況に応じて構築していくことが必要である。安全作物、ここでは野菜であるが、今後は契約栽培や契約取引を通じ、購買者との間で野菜の種類ごとの出荷量、規格、品質、価格などを細かく取り決め、安全性に配慮した産地の栽培情報などを伝えていくことが望まれる。またスーパーなどの購買者においても、消費者の購入意識や購買行動を適切にとらえ、農業生産主体へ伝達していくことが、よりよいマッチングにつながるであろう。

3．スマートフードチェーンへの期待

（1）農業発展の新たな可能性

　スマートフードチェーンとは、前述したようにフードシステムに連なる各部門がもつ膨大なデータとその分析結果をもとに、部門間で情報を連結して、そこに新たな価値を産み出す仕組みである。ここでは、農業生産部門がICTを通じまた情報の提供により、他部門とどのように繋がっているのかを考えてみよう。

　農業資機材供給部門では、スマート育種技術による現地に適合した品種の開発、日照、気温、湿度などの生育環境が自動制御可能な施設や作業に適した農業用ロボットやドローンの供給、農地、土壌、気象、地図などのデータや生育予測プログラムなどを提供する情報サービスなどを行っている。例えば、わが国の農研機構農業情報研究センターではWAGRIと称される農業データ連携基盤が構築されているが、このデータを活用したスマート農業のより一層の展開が期待されている[4]。

　加工部門では、生産者が収穫し前処理した農産物の出荷と輸送のためのデ

ータベースに基づく調整、農産物の品質や安全性を確認するためのICTによる検査、ICTによる食品加工やパッキングの作業自動化、消費者ニーズの情報に基づく加工食品の高付加価値化、製品の卸先への発注と搬送などが挙げられる。

流通部門では、生産者および加工業者と購買者の間を取り持つ農産物・加工食品のICTによる需給マッチング、市場情報データに基づく需要予測データの提供、需給調整の結果としてのICTによる価格の決定、購買先への輸送のための適切なパッキングと鮮度など品質保持に配慮したデータに基づくタイムリーな搬送、SNSを利用した外食産業、ホテル、学校給食、一般消費者などへの小口のデリバリーなどが挙げられる。

生産者と消費者の間では、SNSを使った産直、宅配、インターネットやカタログを通じた販売と購入など、多様なツールでつながっている。

ICTや情報の提供はまた、生産・加工ならびに流通・販売のためだけでなく、フードチェーン全体のプロセスの可視化や農産物と加工品の産地および工場の情報提供、製品に関する知識、レシピーの紹介などに幅広く活用されている。またAIやIoTを使って、生産から販売に至る時間とコストを節約するための最適な部門間の連携や結合の仕方が提示される。

このように、農業生産部門は、スマート農業により農作業の自動化、軽減化および可視化が進み、また加工部門、流通部門および消費者との間で、ICTと情報により多様なつながりを築き上げる可能性を秘めており、実際に途上国においてもそうした動きが進みつつある。新しく多様なアプリの開発とその導入により、生産および経営の計画と設計、農作業の精度向上と迅速化、関係者間のネットワーキングは、今後より深くまた緻密になっていくものと考えられる。

(2) 途上国農業生産部門への適用

スマートフードチェーンは、それを構成するそれぞれの部門において多様な情報をもとにしたICTの活用および部門間のネットワーキングを通じて、

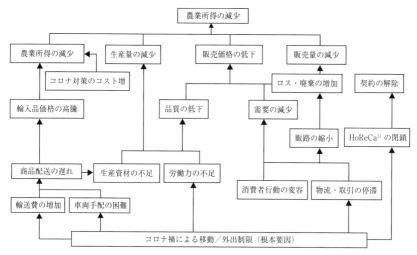

図8-2　コロナ禍の農業生産部門（非輸出部門）の問題構造

注：Hotel, Restaurant, Café の略称
出所：JICA（2021）「東南アジア地域における With/Post COVID-19 社会のフードバリューチェーン開発に
　　　係る情報収集・確認調査」をもとに筆者加筆。

途上国においても進展している。皮肉なことにCOVID-19パンデミックが拡大し様々な制約があるなかで、むしろその進展は加速していったといえるかもしれない。

　図8-2は、コロナ禍における農業生産部門の問題構造を因果関係に注目しながら示したものである。

　コロナ禍が拡大するなかで農業所得は減少したと伝えられているが[5]、その基本構造は、生産量・販売量の減少と販売価格の低下による収入の減少および生産コストの上昇によるものである。生産量の減少は生産資機材と労働力の不足によるものであり、販売量の減少はそもそも農産物に対する需要がダウン・サイジング化しているなかで、物流・取引が停滞して販路が縮小、食品加工企業、レストランやホテルなどとの契約も解除されたことなどによる。売り先がなく廃棄処分された農産物もあった。生産コストの上昇は、車両手配が遅滞するなどして輸送費が高騰し、輸入資機材も含め生産資機材の調達コストが増大したことによる。

いずれにしても、コロナ禍に起因した感染拡大防止のための大規模な移動制限、外出規制により、人流と物流が遮断されたことを背景に、農産物の生産と流通・販売が甚大な影響を受けたことは間違いない。この影響を受けて、農業生産部門はどのような対応をしてきたのであろうか⁽⁶⁾。

　そのための対応策として提案されたのが、スマートフードチェーンの流れに沿ったICTと情報ネットワークの活用である。例えば、農業生産においては労働力の不足に対応するために、IoTセンサーによる水管理や土壌分析、施設ハウス内の作物生育環境の自動制御、トラクター、ロボット、ドローンなどAI搭載の機械による農作業の代替、GAP認証を組み込んだ圃場および作業場での衛生管理やICTを駆使した労働管理などが挙げられる。しかしながら、途上国において、実際には一部の先進的農家は別として、個々の農家レベルまでICTが導入されているとはいいがたい。こういう自動機器を配備するには、資金、知識、経験などの不足により、実用化するまでに至っていないのが実情である。

　農業生産の現場よりもICTが利活用されているのは、農産物の販売である。e-Commerceによる農産物の購買先からの受注とその配送、それにともなうオンライン決済が進んでいる。生産者と購買者からなるe-Commerceプラットフォームでは、購買者が発注する農産物の種類と量、安全性を含む品質や規格、また農産物の価格が生産者と購買者の間で取り決めされる。

　購買者は、大手スーパー、ホテル、レストラン、小売業者、一般消費者、市場関係者、加工業者など多様であり、生産者は小規模ロットで高頻度での配送を余儀なくされるが、その分確実な販路先が確保され、売り先がなく廃棄処分を余儀なくされる事態も回避できる。

　このe-Commerceの普及も、おかれている国や地域の通信環境によって大きく左右されるが、通信インフラは東南アジアのどの国・地域においても比較的整っているようである。また携帯電話やスマートフォンの使用はかなり浸透しているが、インターネット上で実用的なアプリをダウンロードして利用すると通信料が嵩んだり、その利用の仕方がわからなかったりしているよ

うである。このために、農村部で端末のWiFi接続を可能にする設備の設置やオンラインセミナーによるインターネット利用のための研修が必要とされている。それでも、国と地域によっては、e-Commerceの普及が日本と同等あるいはそれ以上といわれているところもある。

　ともあれ途上国といっても、経済発展の段階や地域性により、スマートフードチェーンの進展と農業生産部門へのICTの浸透度合い、COVID-19パンデミックの影響と受けとめ方およびその対応には大きな違いがある。今後農業のデジタル化がどのような展開をみせていくのか、その動きが注目される。

4．おわりに

　現在では、フードバリューチェーンの枠組みのなかに農業が組み込まれ、ほかの部門との連携なしには、もはや成り立たない状況になっている。農業生産部門は、常に消費者、スーパーなど購買者の行動変容を観察し、そのニーズに応じた農産物の生産と流通を心がけなければならない。また食品加工業者に対する原料農産物としての供給対応もしかりである。その一方で農業生産部門自体が、新しい農業資機材を資機材供給部門から調達し、革新的な技術を習得して、農産物の高付加価値化を目指していかなければならない。要するに、農業生産者自体も、意識や行動を変容させていくことが必要とされるのである。

　コロナ禍などの外部的要因により、農産物に対する需要が一時的に縮小、また労働力が不足し、輸送や販売が困難になった場合にも、スマートフードチェーンの導入で問題を解決していかなければならない。というよりも、これからはICTによる部門間の密接な連結がより一層重要になってこよう。

　一口に途上国といっても、経済発展や市場の大きさによりフードバリューチェーンの成長と成熟の度合いに大きな差異が存在するのは事実である。それぞれの国が経済発展の段階に応じて効果的なフードバリューチェーン戦略を探し出し、それに見合う農業のあり方を模索し続けていくことが農業発展

には肝要であろう。

注と参考文献

（1）フードバリューチェーンについては、板垣啓四郎（2016）：グローバル・フードバリューチェーンと途上国の農業開発、日本国際地域開発学会編「国際地域開発の新たな展開」、筑波書房、pp.199-213を参考にされたい。

（2）本プロジェクトに関してはいくつか文献が存在するが、ここでは、熊代輝義ほか（2018）：ベトナムの紅河デルタ地域における安全作物バリューチェーン形成の取組—北部地域における安全作物の信頼性向上プロジェクトの事例より—、ARDEC、58号、（一財）日本水土総合研究所、pp.26-30を参考にした。

（3）VietGAPとBasicGAPの決定のプロセスや内容、普及については、熊代輝義（2019）：ベトナムにおける安全作物生産促進制度の現状と見通し、農学国際協力、17巻、農学国際教育研究センター、pp.24-33に詳述されている。

（4）農林水産省は「農業データ連携基盤WAGRIの推進」と題する動画を作成し、Website上で公開している。これは、スマート農業推進フォーラム2020での説明資料として用いられた。

（5）コロナ禍による農業所得の減少は、さまざまな情報ソースから指摘されている。例えば、世界銀行は"Food Security and COVID-19"と題した記事で、途上国ではコロナ禍のなかで食料不足がより深刻化、またフードサプライチェーンが混乱し、所得が減少したと伝えている。https://www.worldbank.org/（2021.10.25）

（6）コロナ禍におけるICTを使った農業生産と農産物流通の対応については、JICAが民間コンサルタントに発注した調査報告書「東南アジア地域におけるWith/Post　COVID-19　社会のフードバリューチェーン開発に係る情報収集・確認調査」（2021年）を参考にした。

第9章　農業開発協力事業のフロンティア

―ミャンマー・薬草プロジェクトを事例として―

1. はじめに

　農家は所得の向上とこれに伴う生活の改善を目的として農業を営んでいる
が、それは居住する農村コミュニティ、民間セクターおよび地方政府などか
らの支援を得ながら実現していく。これまで連綿と続けられてきた生計維持
的な慣習的農業（Conventional Farming）へ新たに商品作物を取り入れ、
また既存の作物に付加価値を与え、コスト削減のために新たな農法を採用す
るとなれば、農業者にはそれ相応の技術と経営の革新を迫られることになる。
そのために、農業者自身がその革新を試行するための教育と訓練を受け、農
業資機材を入手し、収穫物の販路先を確保しなければならない。地元の政府
は、地域農業開発計画を作成し、それに沿って年次ごとの事業計画を立案し
それに必要な予算を手当てする。そのなかには、農業試験場の整備拡充、農
業普及員など行政担当者の能力向上と技術指導が事業項目として取り上げら
れる。また民間セクターにおいては、農業資機材の供与、農産物の購入、加
工、販売などの業務を担い、教育機関には次世代を担う人材の育成が求めら
れる。

　このように農業開発は、開発主体の農家に働きかけるアクターが互いに協
働しながら進められていくが、農業が自然資源を労働対象としまた農村コミ
ュニティという空間域で展開される以上、農家は自然資源の持続的利用に資
する環境の保全ならびにコミュニティが定めた規範や規律、慣習にしたがう
社会的調和に常に配慮していかなければならない。そしてさまざまな国や地

域の農業開発の経験が積み重ねられていくなかで、開発の方法や手段をめぐって検討が加えられ、課題が整理され、そして教訓が引き出されていく。

　本章で取り上げるミャンマー国カレン州薬草資源センタープロジェクト（以下、プロジェクトと略す）は、（公益財団法人）日本財団がカレン州政府の薬草開発事業を支援する助成事業として2013年に開始したものである。ミャンマー国内のなかでも発展から取り残された後発地域であるカレン州の農業開発、とりわけ条件が劣悪な同州の丘陵／山岳地帯に居住する少数民族の食料確保と貧困の削減は、喫緊の課題としてこれまでにもしばしば取り上げられてきた[1]。プロジェクトは、同州に豊富に存在する薬草資源を有効活用してその栽培化を図り、生薬メーカー等との契約を通じて一次加工した薬草を販売し、農家の所得向上を目指すというものである。ここでは、森林や土壌、水など自然資源の持続的利用と保全に最大限の注意を払い、また薬草生産をベースにその加工、保蔵、輸送、流通など関連部門の発展を促すことにより地域としての薬草産業を振興しようとすることに力点がおかれた。農家に照らしてみれば、コメやイモ類、野菜など基礎食料の確保を前提としつつ、農業生産資源の一部を薬草などの商品作物の生産に配分して所得を増加させようとする試みであり、そこから農家には経済的インセンティブが生じる。プロジェクトはカレン州農業・農村開発事業の一部として組み込まれ、日本財団はそれに対して相談を受けまた具体的な提案をしつつ支援を行っていくというものである。

　本章では、プロジェクトの概要を説明するなかで、その目的と意義、方法、活動および成果をまとめるとともに、そこに残された課題を整理する。さらに、このプロジェクトがカレン州農業開発に対してもつ意味を明らかにする。

　2．では、プロジェクトの支援対象地について農業と農家の現状およびファーミング・システムの変容について述べる。3．では、プロジェクト自体の概要について述べる。4．では、プロジェクトのもつカレン州農業開発への意味を整理する。5．では、全体を総括する。

2．支援対象地の農業と農家

（1）支援対象地の一般概況

　カレン州は、ヤンゴンから東へ州都があるパアンまで250kmの地点に位置し、州全体が北西から東南の方向へ細く伸びている。面積は3万km²あまりで、パアンとその周辺、タンルウィン川（サルウィン川）に沿った流域、内陸のチャインセイジー、タイと国境を接するミャワディ、パアンとミャワディの中間に位置するコーカレイを除けば、概ね丘陵／山岳地帯である。人口は2015年で160万人と推定されており、その後の動向はよくわからない。人口の大部分はこれら平野部に集中しているが、丘陵／山岳地帯にはカレン族など少数民族が居住している。熱帯モンスーンの気候帯に属し、降雨と気温のパターンにより、雨季、乾季、暑季に区分される。気温は3月から5月の暑季に上昇し、雨量は6月から10月の雨季に集中する。州内の地勢や標高によって差はあるが、基本的な気候パターンはそれほど変わらない。平野部の比較的肥沃な沖積土壌を除き、丘陵／山岳地帯は腐植に乏しい痩せた赤色ラテライトと水はけの悪い粘土質土壌が混在する土地であり、砂質土壌にあって植生で覆土されていないところでは土壌流出を引き起こしやすい。

　経済活動の中心は後述するように農業であるが、このほかにも観光、ミャワディとメーソット（タイ）との間の国境貿易、縫製業などがある。しかしながら、新型コロナウイルスの感染拡大と2021年2月に起こった政治の激変により観光客が減少し、国境貿易や縫製業も振るわないのが現状である。州内を横断する東西経済回廊の幹線道路は建設中であり、地域経済の発展に大きな期待が寄せられているが、政変の影響で建設の先行きが危ぶまれる。カレン州に限らないが、新型コロナウイルスと政変により、多くの労働者が失職して収入が減り、貯蓄も底をついて経済的に困窮する世帯が激増していると伝えられている[2]。

（2）農業と農家の現状

　カレン州の農業は地理的な条件によって多様である。利水条件がよく沖積土壌が広がっている地域では水田稲作が主体となり、その畑作地では、とうもろこし、野菜、果実、豆類、ゴマ、落花生、ゴム（水田転作のゴム園を含む）などの耕種作物を栽培、また家畜では鶏、豚などを飼養している。傾斜地や丘陵／山岳地帯では、水稲はほとんどなくなり、天水利用による陸稲、とうもろこし、カルダモン、ウコン、檳榔などの薬用植物、コーヒー、バナナなどが栽培されている。

　カレン州にあるザカビン農業専門学校の生徒170名に対して実施したQuestionnaire Survey（2020年7月実施）の結果によれば、農家1戸あたりの耕地面積は1エーカーから5エーカー（40a～2 ha）の幅があるが、数が多いのは1エーカーを少し上回る程度であり、耕地が小規模なうえに分散している。農業従事者は夫婦が基本であり、繁忙期には集落単位での無償の労働交換が行われる。施肥は行っているが、農薬の使用は少ない。丘陵／山岳地帯では、収穫後焼畑にしてその草木灰を使うが、堆肥づくりの習慣はないようである（ミャワディの農家からの聞き取りによる　**写真9-1**）。種子、肥料、農薬などの農業投入財は高価なうえに粗悪品が多く、また農家がその適切な使い方を知らないようである。在来の農業資機材（農機具）は使っているが、農業機械は共同利用による小型中古があるものの、大型機械は滅多に見かけることはない。またこれら農業投入財や資機材を購入するために、必要な資金を借り入れる機関融資やマイクロファイナンスの仕組みは存在するが、十分に利活用されているとはいいがたい。農家は収穫物の半分近くを自給用に利用して

写真9-1　収穫後の焼畑（ミャワディ）
出所：筆者撮影

いるとのことであるが、残りを市場販売しているとしても家族の生活を支え
るには十分でない。不足分は、農業外の就業に従事するか、出稼ぎするか、
あるいは他出した世帯員の一部からの送金などによってキャッシュを確保し
ている⁽³⁾。そういう面でいえば、農家は利用できる生産資源から、農業、
非農業の多就業形態の活動により生計を維持するという生計戦略を採用して
いるといえる。しかしながら、政情が不安な現状では、こうした非農業の就
業機会が大きく制限されている。

　ともかくも市場経済が浸透し、非農業の就業機会が不安定ななかでは、商
品作物に生産資源を割り当ててその栽培を拡大し、所得を増大させることが
農家にとって適切な方策といえる。その場合でも、穀類など主食となる食料
作物の生産安定が前提条件となる。州政府は、高い収益が見込める有望な分
野として、園芸作物（特に熱帯果樹）、畜産（養鶏・養豚）および淡水魚の
養殖を挙げている。他方で、自然環境の立地条件を活かして以前から栽培が
継続されてきたゴム、コーヒー、薬用植物などの特用作物も、一部で栽培が
本格化しつつあるが、栽培技術が不十分なうえに市況が変動しやすいことか
ら、改良技術の導入による収量の増加と品質の向上、取引価格の安定および
有力な市場の確保が重要な課題となっている。

（3）ファーミング・システムの変容：丘陵／山岳地帯を事例として

　ここでカレン州におけるファーミング・システムの変容過程を、同州の丘
陵／山岳地帯を事例にして、2019年にLivelihoods and Food Security Fund
（LFSF）が発表したレポート⁽⁴⁾をもとに、そのポイントを以下に紹介する。
なお、調査と考察は概ね1980年代以降現在までの期間を対象としている。

　かつてカレン州は孤立した自給自足的農業が卓越し、住民は丘陵の台地上
に居住して食料作物を栽培し暮らしていた。農家のファーミング・システム
が大きく変化したのは、そこに商品作物として当初はカルダモンが、のちに
はウコンが栽培され始めた1980年代以降のことであり、旺盛な市場（主とし
て中国）からの引き合いがあった。特にこれら商品作物を大規模に栽培して

いったのは、資金力があり大きな農地を所有している農家階層であった。労働力を雇用し、必要な食料作物は購入した。小規模の農家も、自給的な食料作物の栽培を縮小して商品作物の栽培を広げていったが、そこにも資金力と水牛の有無によって階層間による格差が顕著になっていった。格差のベースに存在するのは稲作生産力の違いである。この過程でいくらか地域農業の商品経済化が進んでいったが、食料作物の域内自給率が低下し、カルダモンやウコンの市場と取引条件に農家経済が大きく左右される結果を招いた。農家のなかにはこのリスクを回避するために営農規模を縮小し、農家世帯員の一部は出稼ぎないしは移住していった。少数の商品作物を連作した結果として、森林資源が大きく荒廃し土壌の地力も著しく低下していった。ファーミング・システムとして今後望ましい方向は、森林植生をそのままにして日陰を好む作物を混作し、森林や水資源の保全と調和したアグロフォレストリーである。農家の周辺では生活に必要な食料作物を栽培すべきである。レポートでは、このように記されている。

　ここから読み取れるように、必要な施策としては、森林、土壌および水など自然資源の保全に配慮した持続可能なファーミング・システムを構築すること、食料作物を安定的に生産すること、小規模農家に対して資産（農地、資金など）へのアクセスを改善することである。このほかにも、圃場や灌漑施設などのインフラ整備、新規作物の導入および既存の商品作物（薬用植物など）の品質向上に向けた技術開発と農家レベルへの普及、生産物の高付加価値化およびブランド化、流通の改善と市場の安定確保など、農家が安定した営農条件のもとで所得を増加させる施策をパッケージ化し、農家の間に広げていくことが求められるのである。

　とりわけ丘陵／山岳地帯に居住する少数民族を念頭において、環境の保全に留意しつつ有用で市場性の高い薬用植物を選抜して増産、さらにはその品質向上を図り、もって彼らの所得向上と定住化を目指そうとしたのがプロジェクトである。

3．プロジェクトの目的・活動・成果

（1）目的と方法

　本プロジェクトは、カレン州政府からの協力依頼に基づき、州政府が管轄するプロジェクトとして2013年より日本財団が主体となり活動を開始した。その目的は、①州内の森林資源、特に薬草資源を保全し活用すること②市場アクセスの改善を通して農家の所得を向上させること③活動を持続的なものとするために地元の薬草関連産業を振興すること、とされた。

　この目的を達成していくための活動拠点として、2016年州政府が用意した40エーカー（およそ16ha）の土地に「カレン州薬草資源センター」（以下、薬草センターと略す）を設置した。日本財団は、目的達成に向けた活動のために、プロジェクトの管理運営を担当する常駐スタッフの派遣、活動資金の提供、敷地の整備、薬草センター内の施設の設置や機材の提供、ローカルスタッフの採用などの準備を行い、一方州政府は、土地の提供、電気、水道などのインフラ整備、行政上の手続きおよび関連情報の提供などを行った。このように、州政府と日本財団のそれぞれが役割に応じて投入し、協働関係を築いた。また、州政府の農業省および森林省と州内の関係機関、ザカビン農業専門学校、民間生薬メーカーおよび伝統医療大学等との連携、日本サイドでは、牧野植物園、東京農業大学、薬草関連の民間企業等との連携により、強固なネットワークを形成した。

　なお、プロジェクトの対象に薬草資源が選ばれたのは、カレン州に豊富で多様な薬用植物が自生しており、その機能性成分を明らかにすることで薬用植物の商品化を進め、ブランド化につながる可能性を有していること、ミャンマー国内外で薬用植物を使った伝統医療に基づく健康志向への市場ニーズが見込まれること、農家が薬用植物の栽培に馴染みがあること、さらには道路などインフラが整備されていないことから薬用植物が産地から市場までの運搬に少量であっても市場価値が高いこと、などがその理由として挙げられる。

（2）活動

　目的を達成するために、プロジェクトはさまざまな活動を展開した。それは大きく次のように分けることができる。①カレン州に自生する薬用植物の採集・分類と選抜および保存②薬用植物の栽培と一次加工、品質管理および機能性成分の分析③州政府農業省・森林省の職員、農業普及員、ザカビン農業専門学校の教員および生徒などに対する人的能力の開発④農家への技術指導と一次加工品の国内生薬メーカーへの出荷・販売⑤森林、水、土壌などの環境資源調査、である。

　カレン州および近隣の州に自生する薬用植物105種を採集・保存し、このうち市場販売の可能性が高い30種を薬草センターの圃場で栽培した（**写真9-2**）。そのなかで、ウコン、ノニ、ムクナ、とうがらし、ヤムイモを実際に市場へ販売した。圃場では堆肥を使った土づくりや適時潅水を周到に行い、移植、土寄せ、除草、施肥、病害虫防除などの肥培管理を行った（**写真9-3**）。また、ウコン、こんにゃく、ダイジョ（ヤムイモの一種）、トゲドコロ（トゲイモ）については、それぞれ品種ごとに発芽数や重量などについて生長記録を取った。加工では、ウコン、ノニ、マリーゴールド、ムクナ、こんにゃくを対象に、異物除去、乾燥、スライスの処理を行うと同時に、保蔵

写真9-2　薬用植物の保存（薬草センター）　写真9-3　ノニの栽培風景（薬草センター）
出所：筆者撮影　　　　　　　　　　　　　　出所：筆者撮影

施設での一次加工品の管理、パッキングなどの作業および一連の作業工程の
プロセスを追う検査を実施した。品質管理では、加工する前の薬用植物の水
分計測、異物や微生物汚染物質および有効活性化物質を特定する検査を実施
した。品質の管理と向上においては、ミャンマー最大手の製薬会社である
FAME社との連携により進めた。機能性成分の分析としては、品種や栽培
地が異なるウコンをサンプルにして、有効成分であるクルクミンの含有率な
どの比較分析を行った。このほかにもウコンを一次加工する前の水質を検査
した。東京農業大学に対して、トゲイモ、こんにゃくなど根茎作物遺伝資源
のDNA解析による分類・評価およびその生理・生態的研究、ウコンおよび
ヤムイモの機能性成分の分析、沖縄県トゲイモ生産地の栽培・利用と市場に
関する調査を委託した[5]。

　人的能力の開発においては、薬草センターとザカビン農業専門学校の間で
数回にわたりアイデアや意見を交換し、生徒が薬用植物を対象とした学習と
その学びを薬草センター内の圃場で実習を通じて体験、そこから課題を見出
してグループ学習により課題の解決に取り組むという「課題解決型学習」
(PBL, Project Based Learning) をカリキュラムに組み込んでもらうことを
提案し、そのための学習プログラムを策定するに至った。ねらいとしては、
生徒が主体的に学習に取り組む姿勢を育て、その過程で薬用資源の開発と地
域農業振興の重要性を理解してもらうことであった。そしてその結果を見極
めたうえで、農業普及員や農家へもその学習方法を広げて彼らの能力を高め
ていくことを視野においた。

　農家への技術指導としては、薬草センターで育苗したウコンなどの薬用植
物の苗を農家へ配布して土づくりを含む栽培技術を指導、またわが国の民間
企業からハトムギの種子を分けてもらい農家に試作してもらった。ハトムギ
の生長ステージに合わせて栽培農家から動画や写真を送付してもらい、民間
企業の専門家が遠隔で農家に指導した。農家からは栽培上の様々な問題点を
洗い出してもらい、その解決方法を一緒に考えた。

　農家が収穫した薬用植物の一部は薬草センターが買い取り、薬草セン
ター

で収穫したものと一緒に、同センターで洗浄、異物除去、乾燥、スライスなどの一次加工を行い、品質検査と成分検査した後、提携している生薬メーカーへ出荷・販売した。生薬メーカーからは、その都度、品質や成分に対する要求、購入量のオーダーが知らされた。将来、農家からの買い取り量の増加を見越して薬草センター内に加工センターを増設する計画を立てたが、諸般の理由で断念した。販路に関してはまた、日本国内にある複数の生薬メーカーや取引先としばしば研究会や協議を行い、その買い取りの可能性について検討を重ねた。

　環境資源調査は、既存の衛星画像などの空間情報を活用してカレン州の環境資源マップ（地勢、地質、土壌、森林、植生、河川、降水量、土地利用など）を作成し、異時点間での画像データを比較することで動態的な環境資源の変化をトレースし、多様な資源の保全と防災に役立つプラットフォームを州政府と住民の参加のもとで構築しようとすることを意図したものである。カレン州には環境資源マップが存在していないことから、現地駐在の日系民間調査コンサルタントの協力をいただいて議論を重ねた。また環境資源調査ではないが、中高樹木と薬用植物の組み合わせによるアグロフォレストリー、具体的にはゴムを被陰樹としたトゲイモやウコンの混作による環境配慮型農業を試行した。

　このほかにも、ICTを駆使して技術と知識を農家へ普及・伝達するシステムづくりをわが国の専門家を交えて協議を積み重ねたが、実現するまでには至らなかった。薬草センターでの活動の取り組みについては、随時ホームページで情報を公開した。

（3）成果と課題

　以上の諸活動を通じて得られる事業の成果は、中長期の視点にたってその発現が期待されるものであるが、現時点で成果といえる主要な点をまとめれば、以下のように整理できる。

　第1に、薬草センターが地域における薬草資源の開発拠点として築かれた

ことである。薬草センターでは、薬用植物の採集・保存から始まり、栽培、加工、保蔵、出荷・販売に至るまでの一貫した流れを構築する体制が整った。そこではGAPやHACCPの認証に裏づけられた薬用植物の栽培過程と加工工程の安全性を担保している。また薬草センターでは、分析機器を駆使して、栽培・加工した薬用植物の安全性と機能性成分をチェックし、土壌や水質などを検査できる体制を構築した。検査の結果をいつでも必要に応じて引き出すことができ、生薬メーカーなどユーザーに対する信頼を勝ち得ている。薬草センターを訪問する関係者は多く、パートナーシップを築きたいという団体からの問い合わせも数々あった。

第2に、このプロジェクトが薬用植物の社会への啓蒙と自己啓発に寄与したという点である。ミャンマーでは薬用植物を使った伝統医療が根強く残っており、プロジェクトの存在と諸活動に関する情報の発信が薬用植物の有用性をあらためて広く知らしめるところとなった。薬用植物が治療薬としてだけでなく、疾病の予防、栄養の補給、生活上の衛生などにも用いられ、その用途が広いことも認識された。また薬用植物について深く学ぼうとする者の自己啓発にもつながった。特に薬草センターに雇用されているローカルスタッフの間では、さらに探究しようとする積極的な態度が培われた。

第3に、ミャンマー国内生薬メーカーとの間で信頼関係を築き上げることができたということである。生薬メーカーの要望に沿う形で、薬用植物の種類と量および品質を供給し確保することで、一定の信頼を得ることができた。またわが国生薬関係の企業とカレン州産の薬用植物について対話を繰り返し、情報を交換したことも、信頼のベースを築くことに大きく寄与した。

第4に、薬用植物を栽培する農家の意欲を喚起したことである。薬草センターから優良苗が供給され、栽培の指導を受け、また収穫物の中から選別した一部を薬草センターが買い取ったことで、農家のなかには薬用植物栽培への意欲を高めるものが現れてきた（**写真9-4、9-5**）。とはいえ、それはまだ州内のごく一部の農家に限られており、今後それを本格的に進めていくためには農家をグループ化して集団研修による指導体制を築くなどの方法を考え

写真9-4　農家でのウコン栽培
出所：筆者撮影

写真9-5　収穫したウコン
出所：筆者撮影

なくてはならないが、その役割は薬草センターを超えて州政府が引き受けていくべき任務であろう。

　ところで前述したように、活動の成果が具体的に発現するまでにはそれ相応の時間を要する。例えば、品種間によるウコンのクルクミンやトゲイモのジオスゲニンなど機能性成分の含有率の違いを特定化すること、産業廃棄物（ビール工場から排出される使用済みビール酵母など）を使った堆肥づくりとその効果を明らかにすること、病害虫防除と共生関係に配慮した効果的なアグロフォレストリーを確立することなど、技術的に解明しなければならない課題が多く残されている一方で、課題解決型学習によるザカビン農業専門学校で学ぶ生徒の能力開発、農家への効果的な普及システムの検討、環境資源マップの作成なども、これから本格的に取り組んでいかなければならない重要な課題である。

　しかしながら、新型コロナウイルス感染の収束が不透明なことや政情の不安によって先行きが見通せないことから、苦渋の選択として、2022年3月をもって日本財団はプロジェクトから撤退することを決定した。そしてこれからはカレン州政府がプロジェクトを引き継ぐことになったのである。

4．農業開発に対するプロジェクトのもつ意味

　プロジェクトの活動がカレン州の農業開発に対して意味するところを、プロジェクトが掲げた三つの目的に照らして整理することにする。

（1）薬草資源の保全と活用

　カレン州は高温多雨であることから、豊かな森林資源に恵まれているが、一方で森林の乱伐や表土が浅いことに起因した豪雨による土壌の流出などで大規模な自然災害を起こしやすい。その反面、森林のなかには絶滅危惧種を含め多様な薬草資源が存在し、急傾斜地でも薬用植物は栽培できることから、その栽培は森林や土壌の保全に配慮した土地の有効利用につながるよう工夫されなければならない。そのために、森林と薬用植物との組み合わせによるアグロフォレストリーを通じて環境を維持保全しながら栽培していくことが肝要である。森林との組み合わせは、薬用植物だけでなく果樹やコーヒーなど特用作物などとの混作も考えられる。アグロフォレストリーのあり方は、それぞれの地域によって多様に異なり、また地域によって相応しいプロトタイプも異なってくる。そのあり方自体は、本来そこに営々と暮らしてきた住民の経験知とか技（わざ）により引き継がれてきているものであり、それをベースにして新たに何が加えられるか、あるいはいかなる制約条件を除去ないしは緩和したらよいかを住民と一緒になって検討していくことが重要である[6]。プロジェクトでは、アグロフォレストリーについて、薬草センターの敷地内で試行を続けまた有用なデータも収集してきたが、どのようなあり方が望ましいのかは今後とも地域の与えられた事情に照らして住民とともに検討していかなければならない。そのためにも環境資源マップの作成は急がれるところである。

　薬用植物を有効に活用するためには、多種多様な薬用植物の特徴と性質をよく調査して、社会のニーズに対応できまた生薬メーカーの要望に応じられ

るほどの機能性成分を有する品種を選抜・育苗し、増殖していくことが必要である。薬草センターではまさしくそこにターゲットを絞り、機能性成分の科学的エビデンスを裏づけとして、カレン州産薬用植物の差別化およびブランド化を目指してきた。機能性成分にしてもその含有率の多寡というバリエーションを意識して、さまざまな用途や利用に対応しうるよう分析を心がけた。薬用作物の品質は、いうまでもなく遺伝的特性だけでなくその栽培や加工、保蔵の仕方にも大きく左右される。

　プロジェクトが、州政府との話し合いのなかで、森林など環境と共生・共存する薬草資源の開発について方向づけし、環境の保全に配慮しつつ有用で市場性の高い薬用植物の品種選抜と育苗に向けて活動を展開してきたこと、また薬用植物の栽培と加工、保蔵についても薬草に関係している方々からの情報や知識をもとに進めてきたことで、周囲の合意を得ながら事業を管理運営することができた。

（2）市場アクセスの改善と農家の所得向上

　カレン州のきわめて限定された農家に対してではあるが、薬用植物に対する栽培指導を行い、また農家が収穫した品質に優れたものの一部を薬草センターが買い取って、事前処理し加工さらには検査して、その後に薬草センターで収穫・加工したものと合わせて生薬メーカーに出荷・販売した。その量はごくわずかなものであったが、農家においては、自ら生産した薬用植物が薬草センターを経由して販売されたことで市場へのアクセスを確保できたという意味では画期的なことであった。通常は産地仲買人が収穫物を安値で農家から買い取っているが、その理由の一つには、農家が同じ薬用植物でも品種が異なっていたりカビが生えたりしたものを一緒にして売り渡しているからにほかならない。その対策として、薬草センターでは生産地の近くに買い取りセンターを開設することを試みた。農家にしてみれば、薬草センターの買い取り基準に合わせて収穫物を選別し洗浄する前処理を行わなければ引き取ってもらえないこととなり、また栽培の過程においてもGAPの認証を受

けるほどの安全性と品質の向上が求められることになったことから、これまでの姿勢を大きく転換させる契機となった。そうした姿勢の転換が、生薬メーカーから相対的に高い価格で引き取ってもらえることにつながり、農家には大きな経済的インセンティブが与えられた。

　薬用植物を栽培している農家にすれば、その販売からの所得増加の寄与分はさほど大きいものとは考えられないが、生薬メーカーといったユーザーの要望に対応した収穫物の前処理、品質向上、安全性、規格の遵守などに注意を払っていけば、相応の価格を享受できるとの認識を深めることになったものと考えられる。この場合、薬草センターが介在していることが何よりも重要である。薬草センターは、生産地での買い取りセンターで収穫物を集荷、検品、保管、袋詰めして輸送する機能を果たすことになるが、特に農家に対して買い取りの基準を明確にし、基準に満たない不良品は受け付けないという厳しい姿勢を示すことが、農家にしてもまた薬草センターにしても産地を形成するうえできわめて重要である。一方、薬草センターでは、販売先であるユーザーの薬用植物に対する種類と品種、量と質に関わる要望などの情報を受けとめ、それを農家へ伝えまた指導して、農家を育てていかなければならない。

　農家は小規模で広く分散しており、またそれぞれの収穫物も少量である。個別の農家に対して栽培指導するにしてもまた集荷するにしても、多くの時間とコストを要する。まして丘陵／山岳地帯に散在する少数民族の農家の隅々まで、薬草センターが活動の幅を広げていくことは不可能に近い。今後は州政府の農業省や森林省が薬草センターの機能を引き継いで、活動を面的に拡大していくことを期待したい。

（3）薬草関連産業の振興

　カレン州に薬草に関連した産業を興すためには、何よりも薬用植物の生産－加工－流通－販売に連なるサプライチェーンを強化していくことが重要であるが、これをサポートしていくサービス事業体の発展もまた欠かせない。

それには、農業投入財の供給とデリバリー、融資、保険、人材育成、在庫管理、輸送などの業務が含まれるが、これに並行して道路、電力などのインフラが整備されなければならない。サービス事業体が発展していくためには、州政府の支援と相まって外部からの投資を呼び水とする必要がある。とはいえ、薬用植物のサプライチェーンが成長し強化されてそこに持続的な利益が創出されなければ、外部投資の誘導はきわめてむずかしいであろう。

薬用植物を成長品目に位置づけて発展させていこうとする方向への歩みは、その端緒を切ったばかりであり、先行きどうなるかはまったく不明であるが、薬草センターを活動の中核としたプロジェクトはその基礎を築いた。今後これを育み培っていくのは州政府の努力に委ねられる。ともかくも、サプライチェーンを構成する生産、加工、流通、販売の各部門が相互に連携を取り合い深めていくことで、薬草関連産業はその裾野を広げ、そこに多様な雇用と所得創出の機会が産み出されていくことが期待される。

一方では、薬草センターに、展示圃、加工や研修の施設、薬用植物関係の売店、それを使ったレストランなどを設置し、体験型観光農園に仕立てて集客の機能をもたせるというアプローチもある。薬草センターではその構想を築いたが、諸般の事情で実現するまでには至らなかった。また州政府に働きかけて優れた景観と農業の多様性および豊かな農村文化を有するカレン州を世界農業遺産に登録し、地域農業への理解と名声を高める契機にしようとするアクションも試みた。世界農業遺産に指定されれば、薬草関連産業の形成を加速する重要な要素の一つとなるにちがいない。

5．おわりに

本プロジェクトは、森林や土壌の保全に配慮しつつカレン州の自然環境に適した比較優位作物である多様な薬草の栽培を農家の間に普及させ、農家の所得向上と薬草関連産業を発展させることを目的とするものであった。目的を達成していくには今後とも不断の努力を払い、また相当な時間を要するこ

とになるが、このプロジェクトがまだ途上の段階にあるとはいえ、これまで
の経験から農業開発に対していくつかの重要な教訓を導き出すことができる。
ここでは、次の二点だけを指摘することにしよう。

　一つには、在来の資源を見直してそのポテンシャルを引き出すということ
である。カレン州の薬草資源は種類が多様なことに加え、その品質において
も有用な機能性成分を多く含むなどの可能性を有している。同一の薬用植物
であっても品種や栽培の仕方などによって機能性成分の含量には違いが出て
くるものと予想される。プロジェクトでは、薬草センターと委託先の東京農
業大学がその分析に当たってきた。成分分析の結果によっては、他産地と異
なる薬用植物の差別化を図ることができ、また含有する成分の医薬品や健康
食品としてのニーズが高いことが証明できれば、ブランド品として市場を占
有することも可能となる。市場で生薬原料としての薬用植物に対して追加的
な需要が生まれれば、取引価格が上昇し、農家の生産意欲が高まり、域内の
あちこちで産地が形成されよう。

　もう一つは、人材と情報のネットワーク化が農業開発に不可欠なキーワー
ドということである。農家は薬用植物の栽培には慣れ親しんでいるが、優良
苗を用いて改良技術により品質を向上あるいは均質化させるまでには至って
いない。技術普及を広域化させていくためには、ICTによる動画の配信やチ
ャットの往来が有効な手段である。プロジェクトでは一部そうした手段を講
じた。ICTの活用は農家への指導だけでなく、農業普及員や行政担当者、民
間セクターともつないで情報や技術をネットワーク化させた。日本財団がプ
ロジェクトから撤退するまでの直近2年間は新型コロナウイルスの感染が拡
大した時期で、支援対象地へ出かけることができず、オンラインでの業務が
主流となったが、逆にそういう状況だったからこそ、ICTを駆使したネット
ワーク化が進展した。プロジェクトもまた、オンラインを通じて密度の濃い
人的ネットワークを築き、種々のスキルや経験を有するアクターとの間で有
益な情報や提案を共有することができた。在来資源のポテンシャルを顕在化
させ、人材と情報のネットワーク化をより一層進めていくことが、今後カレ

ン州の農業開発には重要なポイントになるものと考えられる。

注と参考文献

（1）カレン州では、長期にわたる国軍と少数民族武装勢力との間での戦闘、一時
和解が成立したものの、2021年２月に発生した国軍のクーデターにより、民
主派勢力および少数民族武装勢力との間で再び激しい戦闘が繰り広げられ、
戦禍に巻き込まれた住民が居住地を追われて避難民化あるいはその一部がタ
イへ避難する状況となっている。この結果、少数民族地域では経済開発が遅れ、
農村・農業が荒廃するという結果を招いている。

（2）ミャンマー都市部　貧困率３倍に　UNDP「中間層消える」、https://www.
nikkei.com/article/DGXZQOGM29C5T0Z21C21A1000000/（2022.6.29）

（3）IFPRIのレポートによれば、カレン州に隣接するモン州の事例であるが、タイ
への出稼ぎ先から送金される額は家計所得の22％にも及ぶとされている。ま
た主要な働き手が出稼ぎに行っていることで、農村では人手が不足して賃金
が上昇し、それが小規模な家族農業を圧迫している。IFPRI Research Blog
（2016）Revitalizing agriculture in rural Myanmar, https://www.ifpri.org/
blog/revitalizing-agriculture-rural-myanmar（2022.6.30）

（4）Livelihoods and Food Security Fund（2019）Selective Case Study Two: The
Spice Boom And Upland Farming Systems-Thaundanggyi Township, Kayin
State, *FARMING SYSTEMS IN MYANMAR: Methodological background
and synthesis of field-based studies across five states and regions of Myanmar*,
2019, LFSF, pp.33-50.

（5）分析調査の結果は、「ミャンマー国カレン州における有用植物遺伝資源の機能
性分析調査」（東京農業大学）と題した報告書（非公開）に記されている。

（6）プロジェクトの運営責任者である間遠登志郎は、地域の人たちとつながって
一緒に考えまた行動し、現地に存在する資源を使って地域振興につなげてい
くことが重要であり、また地域の開発支援は現地の人たちにとっての制約条
件を減らしていくのが支援する側の役割と指摘する。日本財団ジャーナル編
集部（2019）：現地資源を生かすことが開発支援の真髄。ミャンマーの未来を
「薬草」で切り開く、日本財団ジャーナル、https://www.nippon-foundation.
or.jp/journal/2019/38334（2022.7.6）

第10章　わが国戦後農政の経験から学ぶ
途上国農業開発への示唆

1．はじめに

　わが国における戦後農政の経験が、途上国の農業開発に関する政策の立案、実施および評価に対して、何らかの有効な手がかりを与えるという視点に立った資料や文献は、これまでにも数多く紹介されている[1]。この間のわが国農政とそれに基づく農業の展開は、途上国が農業開発にあたり抱えている課題の解決に向けて種々の有効な示唆を与えるという点できわめてユニークな存在となっている。途上国において関係する政策立案者などをわが国に呼び寄せて実施する国際協力機構（以下、JICAと略す）の人材養成のための研修事業でも、このテーマはしばしば取り上げられてきた[2]。

　戦後農政のなかで、特に注目されてきたのは、終戦直後から基本法農政期にかけての25年ほどの期間である。農地改革の実施や農業協同組合の創設などといった制度改革、圃場や用排水など農業インフラの整備、技術の開発とその普及、人材の育成などを基礎に、コメの増産とその供給安定が図られ、その後市場ニーズの変化に対応した農業生産の多様化と産地の形成、また政府による価格支持政策等とが相まって、農業の生産性と農家の所得は著しく上昇しまた増加していった。

　こうした農業発展のための枠組みは、成長が持続する経済全体の関わりのなかで、また農業部門の内部でも労働力の流出や離農、農地利用の転換など大きな構造変化を伴うなかで形成されていった。この間に、アメリカからの食料援助や食料・農業政策上の勧告、為替と貿易の自由化など国際通商枠組

み再編の協議が進められ、海外からの影響が少なからず存在したことも事実である。

　そうしたことを考慮したとしても、戦後25年ほどの間にわが国の農業がどのような条件のもとにどのように発展していったのかを明らかにし、そこから途上国農業開発のために何らかのインプリケーションを引き出そうとする試みは依然として有効と考えられる。

　もとより、わが国がかつて経験した時期とはまったく異なり、現在の途上国を取り巻く環境は、グローバリゼーションが大幅に進み、高度情報化社会のなかに深く組み入れられている。国境を越えたモノ・サービス・資金・ヒト・経営資源などの移動、さまざまな情報の入手と利用はごく日常的なことであり、先進国や国際機関からの開発支援や国際協力もまた手厚く実施されている。

　そうした外部環境の違いを考慮に入れたうえで、途上国が直面している開発課題の解決に対してわが国の経験が参考になるであろうという視点は依然重要である。

　本章では、戦後の25年間に期間を限定して、農政と農業の足跡を時系列に追っていくのではなく、途上国の開発イシューに照らしていくつかのテーマに絞り込み、わが国がどういう政策を掲げてどのような成果が得られ、またそれが途上国にどのような示唆を与えるのかを整理していくことにしたい。ここでは、農業基盤整備、農業改良普及および産地形成に焦点をあてることにする。それぞれ参加型開発、人材育成、そして市場志向型農業振興（SHEPアプローチ）に対応する。

2．農業基盤整備と参加型開発

　農業基盤整備とは、通常、農地の交換分合、畦畔除去などによる農地の集積・集約と大規模化、一定規模への区画整備、土層改良、暗渠排水、水利施設や農道の整備、老朽施設の更新、土壌侵食防止などを意味し、また新たに

農地を造成する場合も含まれる。

　農業は気候の変動に大きく左右され、洪水や干ばつ、暴風などの被害にさらされやすいため、用排水施設の設置や防風林の植え込みが必要である。また客土や除礫など土層の改良により土壌を膨軟にし、土壌中の水や空気の通りや循環を改善しなければならない。また湿地では排水を行い、高低差のある圃場では均平にする必要がある。

　圃場が整備されれば、農業機械の導入によって農作業が効率的に行われ、労働時間が大幅に削減する。水管理によって作物の生長が促進されるとともに、農地の利用率が向上また農地の汎用化が広がることを通じて、生産性の向上による増収と安定、農業生産の多様化、農産物の品質向上および高付加価値化などが実現可能となる。このように農業の基盤整備は、農家にとって計り知れない効果が期待されるのである。

　しかしながら、これを個人や農家の小グループで実施することはきわめてむずかしい。農業基盤整備のためには莫大な資金と労力が必要となるばかりでなく、事業実施対象の地区を決めて、関係する農家の意向調査や農家間の合意形成、域内の各農家が所有している農地の権利調整、農地の実測調査など事前の調査・調整が不可欠である。加えて農業基盤整備を事業として進めていくにあたっては、根拠となる法と制度の整備、事業実施主体の決定、農地や水利施設の維持管理とその利活用のための受益者組織の形成などを精力的に進めていかなければならない。こうしたことは、政府や行政機関が主導的な立場にたって推進してこそなし得る性質のものである。

　このために政府は1949年に土地改良法を制定し、受益農家は土地改良法に基づいて土地改良区を結成した。土地改良区は事業の実施主体となるだけでなく、農家負担金の徴収、造成された土地改良施設の維持管理などに責任を負うことになった。

　農業基盤整備事業は、マクロの視点に立てば、食料の安定確保、水・土地など資源の有効かつ適切な開発と利用に寄与することから、国および地方自治体が資金の助成を行うことになった。助成金の配分は、事業の内容にもよ

るが、例えば圃場整備では、国が工事費全体の50％、都道府県が25％、市町村が15％を助成し、農家の負担は10％程度であった（長野・于、1989）。また政府は政策金融基金を通して土地改良区に対し、農業基盤整備資金として長期低利の貸付を行った。こうした融資が受益農家の負担を軽減したことにつながったのはいうまでもない。また農業基盤整備事業の工事自体は、民間の建設会社が請け負ったものであるが、工事に必要な労働力の大部分は地元の農家から調達された。この過程で農家には雇用の機会が生まれ、農業外活動による収入を確保することができた。

　このようにして、政府主導のもとに行われた農家の圃場は大幅に整備され、その後の農業の近代化、生産性の向上に大きく寄与したが、それだけでなく農地や水などの資源保全、整然とした農村景観の創出、農村生活環境の改善にもつながった。農業基盤整備事業はその後も様々に事業内容を見直しつつ現在に引き継がれている。

　ここで指摘しておきたい重要なポイントは、事業実施主体である土地改良区の性格である。事業実施地区の受益農家によって設立された土地改良区では、組合員が提案や意見を出し合い、組合員同意のもとで事業の概要をまとめ、地方自治体（県と市町村）に提出して事業実施の認可を得る手続きをとる。事業が広域に及ぶ場合には、複数の土地改良区が合同で話し合って実施する。農業基盤整備事業はきわめて公益性が高いため、その便益が組合員に広く行き渡ることが重要である。そのためには、組合員の不満や禍根が残らないよう周到に事業概要書をまとめ予算措置をするために組合員の全会一致が原則となる。なお、計上する予算収入は、政府からの助成と組合員から徴収した負担金および政策金融からの借り入れによって賄われた。

　実際に、地区の受益者、より広くとらえれば事業に関わるステークホルダーが事業の企画段階から参加してさまざまな角度から意見を出し合って事業概要を決めていくが、合意に至るこのプロセスこそがきわめて重要である。プロジェクト管理の立場からいえば、参加型PCM（Project Cycle Management）のワークショップにより、PDM（Project Design Matrix）

と呼ばれるプロジェクト概要書を作成していく過程である⁽³⁾。PDMとは、
上位目標ならびにプロジェクト目標の設定、目標実現のための活動と投入、
それによる成果、それらを明らかにする具体的な指標と計測手段、そしてプ
ロジェクトの外部条件や前提条件を一枚の表にしてまとめたものである。こ
れをもとに事業は進められるが、プロジェクトの内部条件や外部条件が変化
していけば、その都度話し合いのもと現状に合うようにPDMは修正されて
いく。PDMは誰でもいつでも事業の概要を振り返ることができるように、
ビジュアル化されたものである。

　途上国における本格的な開発プロジェクトも、ほとんどの場合はこの
PDMをベースにして進められているものと考えられるが、それがステーク
ホルダーの参加による合意のもとで実施されているかどうかは、不明なとこ
ろがある。一部の有力者の声によってプロジェクトの企画・立案と実施が左
右される事態が存在するかもしれない。

　わが国の農業基盤整備事業が、土地改良区という事業実施主体により地区
の受益農家の参加を前提として進められ、提案や意見を丁寧に積み上げなが
ら計画を練り上げていく「参加型開発」の手法は、途上国農業開発の参考に
資するものと考えられる。

3．農業改良普及と人材育成

　農業改良普及事業は、農家を対象に農業経営と農村生活の改善に向けた技
術・知識の指導と普及を行い、また農村の青少年を育成することを目的に、
1948年に制定された農業改良助長法を法的根拠として展開されてきた。この
法律をベースとして、事業は農林省と都道府県が協同して実施、農林省は事
業の運営方針を定め、都道府県はそれを基本として事業の実施方針を策定し、
実行予算は国からの助成と都道府県の財源で賄われた。実際に農家や農家グ
ループとじかに接して指導し助言するのは、資格を有し都道府県に所属する
農業改良普及員や生活改良普及員であり、またこれら普及員を指導するのが

専門技術員であった[4]。なお、普及員といった場合には、ここでは農業改良普及員として捉えていただきたい。

普及員の役割は、農業試験場などで開発された革新技術を、農家に対して巡回指導、展示圃の設置、講習会の開催、その他の手段により教示するとともに、農業経営に関する情報を提供しまた新規就農の促進活動などを行うというものであった。一方で、技術の指導や経営計画の助言などは農協でも営農指導の形で実施され、相互にすみ分けあるいは協調しながら業務を遂行していった。

農業改良普及において特徴的な点は、普及員が農家へ指導するにあたり、上意下達でなく農家の自発的な意思を尊重し、主体的で経営能力の高い農民を育てていくという姿勢に徹したことである。かつて東畑精一は、農民を「単なる業主」と位置づけ、農業を動かすのは政府（＝企業者）であり、農民は政府の施策に受動的に反応する存在であり、農村の社会的慣習に従い、営々とルーティン化された営農活動を繰り返すだけと論じた[5]。戦後の農業改良普及が目指したものは、まさしく農民こそ農業を動かす主体的な存在とし、普及活動を通して農民自らの意思で営農上の経済・経営方針を決定していくよう仕向けていくのが、普及の社会的ミッションとして体現されたのである。普及員は、指導対象とする技術を様々な伝達手段を使って農民が理解しやすいよう工夫した。また農民が技術を自らの経営に取り入れて試行したとき、普及員は農家の庭先を訪ねて指導あるいは相談しながら、直面する課題を一緒になって解決することに努めた。

普及の内容は、わが国農業に課せられたその時代時代の社会的要請を汲み取りつつ、導入する技術や知識・情報が生産性向上と経営改善に寄与し、もって農家の所得増加につながっていくよう工夫されまた変化していった。すなわち終戦から1950年代前半ごろまでは、当時の国家的課題であった米麦など食料作物の増産に対する技術の普及指導が中心であり、土地生産性の向上による増収が普及目標に掲げられた。普及員による献身的な努力もあって、1955年にはコメ生産量が1,207万トン（史上最高の生産量は1967年の1,426万

トン）に達した。その後1960年代に入ると、高度成長による１人あたり所得の増加を背景に、食料需要が食料作物よりも野菜、果実、畜産物など付加価値の高い農産物に対する需要拡大へとシフトし、普及の方向もこれら成長農産物の生産拡大に向けられていった。これに伴い普及員は、作物栽培、病害虫防除、農業機械、農業経営などの技術に専門特化して内容を高度化していくことが要求され、普及体制もそれまでの普及員が市町村を単位としてあらゆる作物を指導する体制から、個別技術を広域に指導していく体制へと転換されていった。

とはいえ、農業改良普及事業が順調に進展していったといえるわけではなかった。1950－60年代の農業改良普及事業を農家との関係性につき埼玉県を対象として論じた菊池の論文[6]によれば、いくつかの問題点が指摘されている。例えば、1950年代前半において、「普及事業が普及を進める技術と農民の技術との間に落差が存在する」とか「指導対象が経済的上層の農民に偏り、零細農家を対象にできない」という点である。地域に適合した米麦の慣行的栽培を長年にわたり続けてきた中年以上の篤農家に対して、新しい品種や土壌管理の方法、化学肥料の投入などの技術を持ち込んでも容易には受け入れてはもらえず、また指導対象も経済的に余裕があり、理解力がある上層の農家に偏りがあったのは致し方なかったといえるかもしれない。

それでも米麦の生産性が向上し増産したのは、普及員による懸命な努力と合わせて、その指導から技術を習得し自らの圃場で実践しようとする農民が存在していたからであり、とりわけ経営を後継ぎする若手の農民が技術の吸収に熱心だったようである。

新しい技術を受容するのは、状況を適切に判断しながら過去のやり方に固執することなく柔軟に対応でき、また現状から脱して新しいことに挑戦しようとする意欲が旺盛であるからといえそうである。そうした人材としての受容能力を高めるには、文字通り教育や訓練、研修による力が大きい。

戦後の農民を教育する施設としては、文部省管轄の農業高校や大学農学部といったフォーマルな教育機関を除き、農業自営者の養成を目的として各県

に設置された経営伝習農場があり、そこでは1～2年間を修業年限として経営合理主義的な考え方に基づいた営農活動を目指す人材の養成に力点がおかれた。経営伝習農場は、その後さまざまな経緯を経て、やがて農業大学校と名称が変更になり、教育体制やカリキュラムの改正などを伴いながら、農業改良普及事業の一環に据えられた[7]。

こうした施設や教育機関もさることながら、農業を後継する青少年を対象に、より身近な形で人づくりに役立ったのが4Hクラブである。4Hクラブとは、普及員の指導のもとに市町村の単位で農村の青少年を組織化して、自発的に農業経営上の身近な課題の解決方法を検討あるいは技術導入をより馴染みやすいものとするためにプロジェクト活動を行うグループである。このプロジェクト活動では、4Hクラブの構成員が話し合いながら解決すべき課題を絞り込み、目的の設定→計画の作成→実行→評価の順にしたがってプロジェクトを進め、終了後はプロセスの全体を振り返り、そこから新たな教訓や学びを引き出して、また次の段階に生かしていくものであった。この手順はまさしく参加型PCMそのものであり、これによって主体的に考え、実行し、評価できる人材が育っていくことが期待された。

先述した菊池の論文によれば[8]、プロジェクト活動のなかでは、米麦などの食料作物の技術改善が多く、また女性クラブ員の活動には野菜の栽培や家畜の飼養も含まれていたようである。プロジェクト活動は、男性が農業生産、女性が家事を管理するという性別役割を前提とした上で、男女が農業生産、生活改善を分担・協力するよう教育することが意図されていた。女性のなかには農業経営を見直して、農業を主体的に担うために生産の技術や知識を習得しようとする事例も存在していたようである。しかしながら、それは一部の動きにとどまり、男女が農業生産、生活改善を分担・協力することも、従来からの役割分担の範囲内に限定された。また、プロジェクト活動を見守り指導していた県の普及事業担当者によれば、グループ員が活動の本質を理解していないケースが多く、当初想定していた活動を通して主体的に考え行動する人材を育成するという教育的効果は、限られたものでしかなかったよ

うである。

　1950年代までは4Hクラブに所属するメンバーも多く、プロジェクト活動は熱心に行われていたが、60年代に入ると農閑期に農外の賃労働に従事する者が増加していってメンバーが減少の一途をたどり、4Hクラブの意義も失われていった。

　以上、農業改良普及と農業人材の育成に関する制度設計とその展開およびそこに内在した問題についてみてきた。途上国においても、技術の開発と普及および人材の育成は、農業開発の中心的課題であり続けているのはいうまでもない。これまでにも農業普及のためのアプローチとして、1950年代以降Transfer of Technology、Farming System Research and Extension, Training & Visit Extensionなどが考え出され、実際に農業の現場で応用されてきたが、必ずしも成功したとはいえなかった。

　Van den Ban, A. W. and H.S. Hawkins（1996）は、途上国が直面する農業普及上の課題として次の7点を挙げている[9]。適切な普及技術の欠如、農業研究機関と農業普及組織の連携の不在、普及員が実践的技術を習得し伝達するための訓練の不足、不十分な移動手段、視覚に訴える普及伝達補助手段の制約、普及員に過度に課せられる普及以外の業務、そして雑誌、パンフレットなど多様な伝達ツールの欠如である。

　こうした課題は、これらの指摘があった時点と比較して、現在ではICTの普及や道路、通信などインフラの整備も進み、いくらか改善しているものと考えられるが、農民の声やニーズを適切に反映した技術の組み立てとその普及・伝達といった最も基本的な点は、まだ順調に進んでいるとはいえないように考えられる。普及の制度に問題があるというよりは、普及員の人員不足、過重な業務、そして技術習得とその伝達の仕方の不十分さに問題がある。また一方で、筆者が途上国の農村を繰り返し訪問し調査してきた経験からいえば、農民が自ら営農上の問題の所在を明らかにし、問題を課題として整理し直しつつ課題解決のためのアプローチを体系的に考え、普及員に具体的な内容を相談するほどまでには能力が向上していないように見受けられる。した

がって、農民自身が問題に気づいてそれを課題化していくことで目的を明確にしていけば、相談に応じる普及員もまたその解決の期待に応えるべく自らの能力を高めていくモチベーションが高まり、普及の効果が上がっていくであろう。

　そのためには、わが国の経験でみてきたように、農民が主体的に自らの課題を整理し、農民と普及員が一体となって、課題の解決のために、ともに考え、ともに行動し、ともに評価していく参加型による協働のあり方が求められよう。その過程で相乗効果により農民と普及員の能力がともに高まり合っていく関係の構築が期待されるのである。

4．産地形成と農協の役割

　これまで述べてきた農業基盤整備と農業改良普及は、わが国の1950年代を中心とした事業の展開に焦点を合わせてきた。いうまでもなく、その後もこれらの事業は農業を高次の段階へ引き上げるために大型の投資がなされまた種々の改善がなされていった。ともかくもこれらの事業展開をベースに、ここでは1960年代の高度成長期を時代背景として積極的に進められていった産地形成と農協の役割について論じていくことにする。

　さて、1960年代に入ると、主食となるコメの増産により自給が達成する見込みがたち、国民の1人あたり平均所得水準も上昇して、食料需要は今後野菜や果実、畜産物など市場志向の高い農畜産物が増加するものと見通された。そこで、1961年に制定された農業基本法のもとで、「農産物の選択的拡大」政策が据えられることになった。拡大する農産物は、野菜・果実の園芸農産物、乳卵類や肉類など畜産物であり、一方で生産を縮小ないしは他の作物に転換していく農産物が、米麦、大豆などであった。

　産地形成とは、地域が有する生産・経営資源や立地および経済的基盤の比較優位性から判断して、選択的拡大作物としての生産を地域ぐるみで専門化、経営特化していく過程を意味しており、国全体でみれば商品作物を地域分業

化していこうとするものである。正しくは主産地形成と呼ばれる。産地内で
は、特定の農産物の生産と流通・販売を一元的に集約させるための機能をも
った組織が必要であり、その組織の運営管理も必要となる。そしてその産地
形成を主導していったのが系統農協（全中・全農－都道府県連合会－市町村
単位農協で形成）であり、実質的には末端に位置する総合農協および専門農
協であった。そしてこれら農協のなかで組合員が組織を形成して特定の農産
物の生産と流通・販売及び管理のすべてあるいはそのうちの何らかの機能を
担う集団が営農団地と呼ばれるものである。産地の発展は、文字通りこの営
農団地によって導かれていった。

　営農団地では、域内の自然・社会経済的諸条件、農地や用水など農業イン
フラの整備状況、利用できる技術とその習得の可能性などに加え、近い将来
を見越した経済収益性の予測ならびにそれぞれの組合員農家の経営事情を考
慮して作物や畜種の選択がなされた。営農団地内の各農家が同一の作物を栽
培または家畜を飼養すれば、技術体系を統一化して、計画的に大量の規格
化・標準化された農畜産物を生産し市場へ出荷できる一方で、生産・出荷の
経費を節減、品質が向上して市場競争力が強化されるなど、規模の経済が発
揮されるものと期待されたのである。

　こうしたプロセスを進めていくうえでの前提となるのが圃場整備や水利施
設の設置と改修など農業基盤の整備であり、農業改良普及による新しい技術
の導入とその習得および定着であった。加えて、地方自治体は国や県から各
種の助成を受けるための情報の入手と広報および行政手続きを代行し、また
農協は、機械や施設、その他の農業投入財を購入するための資金供給やそれ
を安価に販売するサービスを組合員に提供した。また営農団地、農協および
市場関係者が密接に連携を取りながら、農産物の共同出荷と市場取引を行い、
販促活動のための広告・宣伝を媒介とした購入者とのネットワークづくり、
そして決済の仕組みを構築していった。こうした努力の積み上げの結果とし
て、国内の各地に地域の比較優位性に基づく産地が形成されていったのであ
る。

とはいえ、産地は同じところに永続的に留まるわけではなく、取り巻く諸条件の変化や産地間競争を通じてダイナミックに移動していく。また既存の産地は市場競争力を維持するために、品質向上など農産物の差別化や他作物への転換などの対応策を講じることになる。

　かつて主産地の形成と発展のメカニズムを論じた頼平の論文によれば[(10)]、産地形成の重要な発展動因は農業基盤の整備であり、その整備事業の進捗いかんによって産地や農家の経営方式および技術の適応的な革新が誘発されていくという。先発の産地はそれまでに整備された区画規模や農道、用排水施設で需要の旺盛な作物に専作特化していくが、さらにこれよりも区画が拡大し、農道が拡幅され、用排水施設が大規模化するといったように、一段と高い水準で農業基盤が整備されていけば、後発の産地はそのもとで制約要因となりつつある労働力に代替して機械化を進め、大規模な生産と出荷および双方に関わるコストの低減および品質の向上によって産地競争力を強化する。既存の先発産地は後発産地に市場を奪われるが、先発の産地はさらに付加価値の高い農産物を革新的な経営方式や技術を適用して生産し新たな産地を形成する。こういった産地移動のダイナミズムによって選択的拡大作物の生産が増加し、全国的なスケールで産地が形成されていくと論じた。この場合、多様な農産物に対する市場需要拡大の見通しと品質向上への消費者ニーズを知り尽くし、そして農産物の加工・調整、貯蔵、輸送などの施設が整備されていることなどが前提条件となる。

　ここで産地形成のうえで見落としてはならない重要なポイントは、農協が果たした重要な役割である。農協は、産地の核となる営農団地を起ち上げるために選出したリーダーを軸に話し合いの場をつくり、市場性の高い農畜産物の選択や政府助成事業の紹介およびその導入と手続きなどの仲介役を果たしたが、こうした組織づくりのほかに重要な点を整理すれば、以下の通りである。

　第1に、さまざまな情報の提供である。市場の動向、選択的拡大を進めるための政府の施策に加え、出荷や加工のための適切な作業時期や作業内容を

組合員へ通知するなど、情報を適宜提供した。

　第2に、営農資金の供給である。個人あるいは組織に対する運転資金の提供は事業を進めていくうえで必要不可欠であった。農協は低利長期で融資を行う系統金融に加え、政府の制度金融に対する利用アクセスを提供した。

　第3に、技術の指導である。産地形成のために適用可能な技術を農業改良普及員とともに農協の営農指導員が組合員に対して教示した。また技術定着のための相談にも応じた。技術のポテンシャルを高めるために、農協を通じた共同育苗や農業資機材の廉価な販売も行った。

　第4に、市場への共同出荷である。組合員による集出荷作業のための手はずを整え、農産物を選別・調整のうえ共同で出荷し輸送することにより市場交渉力を高めると同時に、農協による系統出荷を通じて市場でのブランド力を高めた。

　第5に、共同施設の利用と機械の貸し出しである。農協は農産物の選果場や加工施設、貯蔵庫などを設置して組合員に広く利用してもらうと同時に農業機械を組合員に貸し出し、作業の効率化と作業コストの低減に役立てた。

　第6に、保険や共済などセーフティネットの構築である。組合員に対して作物の不作、価格低下の際のリスク軽減ならびに建造物、機械などの維持管理と労災などへの対応に、農協が提供する保険や共済は経営の安定に大きく寄与した。

　まだほかにも挙げられるが、ともかくも営農団地を通した産地形成に農協が果たした役割はきわめて大きかった。農協は営農団地の創設を基礎に、農業資機材の供給、農業生産、農産物の加工、貯蔵、流通・販売に至るまでフードサプライチェーン全体に関わっていたといえる。

　それでは、この産地形成と農協の果たした役割は、途上国の農業開発にどのような含意を与えるのであろうか。

　周知のように、途上国では農産物を市場へ販売し、いかにして生計維持のための収入を確保し、貧困を削減するかが大きな課題となっている。このためのアプローチとして近年注目されてきたのが、ケニア農業省とJICAによ

る技術協力プロジェクトにおいて開発されたSHEP（市場志向型農業振興）アプローチである。SHEPアプローチは、農家グループを研修する際の農業普及手法の一つとされ、「作ってから販売先を探す」という生産活動を「売り先を見つけてから売れるモノを作る」というように、農家に意識改革と行動変容をうながし、農家の所得を増加させようとするものである。2006年にケニアの園芸作物を栽培する小規模農家を対象として始まったこのアプローチは、その後アフリカ諸国を中心に世界各地に広がっている。

　SHEPアプローチによる作業手順は次の通りである。プロジェクトを通して研修を受けた農業普及員が農家グループと一体になって市場調査を行う→調査結果をともに分析し収益の上がりそうな作物をいくつか特定する→農業普及員と農家グループにより課題を明らかにし、活動計画を作成する→プロジェクトが課題解決に向けた活動計画を進めるための研修プログラムを準備する→プロジェクトが農業普及員に特定した作物の技術研修を行う→研修を受けた農業普及員が農家グループへ技術を指導し伝達する[11]。

　このSHEPアプローチは、農業普及員と農家グループが協働して商品作物の選択を決定し、農業普及員を介して農家グループが自発的に課題の設定から活動計画の設計、そして実施に至るプロセスをたどり、プロジェクトは農家グループに対して「気づき」の機会創出と技術支援のためのファシリテーターに徹するというものである。あくまでも、農家自身が所得の増加を経営目的として、市場の動きと経営条件に照らしながら自ら考え決定し行動することが期待されている。事実としてSHEPアプローチは広域に普及し、農家の所得増加につながったと報告されている[12]。

　SHEPアプローチの成果を今後さらに推し進め、市場志向型農業を確立していくためには、地域ごとの比較優位性にしたがった産地の形成により、均質で規格が統一され、また時期や量において国内市場のニーズに対応した農産物の安定した価格での供給が望まれる。そのためにはわが国の農協のレベルまでには達しないとしても、農業投入財の調達、生産技術の均一化および農産物の加工に加え、貯蔵、流通の諸機能を備えた農家による機能集団とも

いうべき組織の形成が必要であろう。とりわけ市場の動きに関する適切な情報収集とその分析、それに基づく作物の選択は、農業普及員の助力を得て農家グループが果たし、また農家機能集団が支えるべき重要なミッションである。産地間での競争が激しくなれば、市場志向型農業への展開がより一層促進される。政府が、産地形成と産地間競争を助長するような農業基盤や市場などのインフラ整備、融資、保険などサービス提供のための制度構築など周辺環境を整えていくこともまた必要とされる。

わが国の経験から引き出されるかかる発展方向は、途上国にとって重要な示唆を与えるものと考えられる。

5．おわりに

わが国戦後の農政と農業を振り返ると、農業の復興と発展を、近代化に向けた制度設計のうえに、おかれている時代の背景や必要に応じてさまざまな施策が講じられ、それに沿って具体的な計画と行動がとられてきたことが理解できる。

ここではとくに途上国の開発イシューと関連が深いと考えられる農業基盤整備、農業改良普及、農作物の産地形成について論じてきたが、このほかにも保有する農地の保全とその集約・集積などを取り扱った農地行政、農村女性に焦点をあてた生活改善と能力開発、コメ価格支持など農家の所得対策、災害対策と農家のレジリエンス強化、農産物貿易などの国境対策も取り上げるべき項目である。また文脈を戦後のほぼ25年間に絞ったために、農産物／食品の安全性や認証、環境保全型農業、農業の６次産業化、フードバリューチェーンの構築など、最近の重要な政策マターには触れなかった。

ともかくもここで取り上げた政策と事業の展開を通して判明した重要な点は、政府主導のもとに決定された制度や政策の枠組みのなかで、地方の行政、農協や農業改良普及員などの農業関係者、そして農家が一体となって事業の計画と実施に取り組んだことである。そこには最初から関係する者の参加に

よって物事を決め進めていくという姿勢が貫かれていた。そしてその過程で
お互いが知恵を出し合い、学び合うという学習の機会が与えられ、主体的、
自発的に考えて判断し取り組むという姿勢を醸成する場になったということ
である。
　途上国における農業開発の要諦は、人材の育成と能力開発にかかっている
とあらためて認識させられるのである。

注と参考文献
（1）JICA開発大学院連携/JICAチェアでは、「日本の農業振興の変遷」について、
日本の農業の歴史、稲作振興、農業普及・支援、土地改良および栄養改善に
関する5本の動画を、日本語版、英語版、仏語版にして製作するとともに、
日本の農業開発/農村開発の経験事例をもとに "Overview of Japanese
agricultural development and contribution factor" と題したテキストを作成、
それぞれJICAのWebsiteにアップされている。これについては、www.jica.
go.jp>dsp-chair>experienceを参照されたい。また戦後農政の途上国への示唆
に論究した文献は数多く存在する。ここでは、長野暹・于軍（1989）：戦後日
本農業近代化の特徴—中国にとって参考になる一断面について、佐賀大学経
済論集、22巻4号、佐賀大学経済学会、pp.19-66を参考にした。
（2）JICAでは、これまで農業案件の研修プロジェクトを長期間にわたって実施し、
その蓄積は世界でも有数と考えられる。筆者も講師としてこれまで数々の研
修プロジェクトに関わらせていただいた。
（3）FASID（2008）*PCM: Management Tool for Development Assistance,
Participatory Planning*, 63p.
（4）農業改良普及の成立と事業の具体的な展開については、1998年に協同農業普
及事業五十周年記念会編として全国農業改良普及協会が刊行した「普及事業
の五十年」に詳述されている。
（5）東畑精一は不朽の名著「日本農業の展開過程」のなかで、政府＝企業者、農
民＝単なる業主という図式で日本農業の姿を捉えた。ここでは、東畑につい
て触れた論文である新井祥穂（2003）：農家行動の理解と農業政策、地域学研
究、第16号、日本地域学会、pp.33-44を参考にした。
（6）菊池義輝（2010）：1950-60年代における農業改良普及事業と農家家族—埼玉
県を例に—（1）、横浜国際社会科学研究、第15巻第1-2号、横浜国際社会科学
学会、pp.47-64.
（7）わが国の農民教育の歴史を振り返り農業教育機関の現状を把握、また今後の
農民教育のあり方を考察した論文として、上野忠義（2014）：日本における農

民教育、農林金融、第67巻第 4 号、農林中金総合研究所、pp.26-47がある。

(8)菊池義輝（2010）：1950 - 60年代における農業改良普及事業と農家家族—埼玉県を例に—（2）、横浜国際社会科学研究、第15巻第 4 号、横浜国際社会科学学会、pp.47-57.

(9)Van den Ban, A. W. and H.S. Hawkins（1996）*Agricultural Extension, 2nd edition,* Blackwell Science PVT. LTD., Victoria.

(10)頼平（1978）：主産地の形成と発展のメカニズム、農業計算学研究、第11号、京都大学農学部農業簿記研究施設、pp.10-19.

(11)SHEPアプローチを紹介し、ケニアにおける事例を紹介した論文として、瀬尾逞（2019）：ケニアにおける小規模園芸農家の気づきと儲けるための多様な選択—ケニアでのSHEPアプローチの取り組み—、国際農林業協力、第42巻第 1 号、（公社）国際農林業協働協会、pp.10-22が挙げられる。

(12)SHEPアプローチの動向を伝えるJICA Websiteの「SHEPアプローチと広域化について」を参考にした。https://www.jica.go.jp/activities/issues/agricul/approach/shep/index.html（2021.11.21）

あとがき

　本書では、重要な論点であるにもかかわらず、取り上げなかったテーマが
数々残されている。例えば、途上国における農業研究システム、農地所有、
水利慣行、融資システム、農産物市場、GAP認証などの制度的側面、農業
者組織の形成と機能、民間セクターなど農業を支える周辺の活動主体、農業
政策と行政および地方分権化、ジェンダーと農業開発、農村振興開発、食料
消費と栄養問題、国際貿易と農業開発など、が挙げられる。

　農業開発は関係する分野が広範に及ぶことから、それをすべて個人がカバ
ーするには限界がある。テーマごとにそれぞれの分野の専門家が掘り下げて
論じ、専門家の間で相互にディスカッションを積み重ね、農業開発の意義と
目的、方向などを見定めながらまとめ上げていくことが望ましい。また途上
国を、地域別、発展段階別、さらには農業生態系別に分けて農業開発のあり
方を論じていく必要がある。農業開発の形態や経路を、その特質にしたがっ
て類型化していくことも有益である。その結果は、国際農業協力のアプロー
チを検討していくうえでの材料にもつながるであろう。

　途上国の農業開発には、研究、行政、普及、教育、ビジネスなどさまざま
な分野に、途上国の内外を問わず多くのアクターが関わっているが、食料増
産と貧困削減という切実で緊急性の高い課題にもかかわらず、その解決は決
して容易なことではない。技術開発、効果的な制度の構築、人と情報のネッ
トワーキング、インフラ整備、ICTの活用など、農業を発展させる成長要因
がある一方で、気候変動、自然災害、環境の荒廃、資源の枯渇、感染症パン
デミック、病虫害の発生など、成長を足止めする阻害要因がある。人口の増
加は成長と阻害の両面をもつが、扶養可能なキャパシティを超える人口増加
は、栄養不足人口を累積させる結果につながってしまうだろう。

　こうした農業開発をめぐる関連分野とそれに関わるさまざまなアクター、
外部環境としての成長要因と阻害要因が存在するなかで、農業を動かす主体

は、あくまで農家、農業者自身である。農家は農業を支援する分野とアクターの助力を得ながら、成長と阻害の要因を考慮に入れつつ、利用可能な自己資源を最大限に使って食料を増産し所得を増加する方法と手段を選択しなければならない。また状況の変化に応じて、方法と手段を練り直し、組み替えていく柔軟性も必要である。

　つまるところ、農業開発の成否は、農業者の能力いかんに大きく左右されるといっても過言ではない。言い換えれば、農業者の能力をいかに向上させるかが、農業開発上のポイントとなる。能力の向上とは、連綿と引き継がれてきた伝統知や経験知を踏まえたうえで、農業の生産と経営に関わる新しい技術やノウハウを吸収して、状況の変化に応じた適切な判断力が備わるよう、農業者が自らを仕向けていくことである。本書も、そのことを念頭において論じてきたつもりであるが、はたしてどこまで果たせたのか、はなはだ心もとない。今後、さらに研鑽を積んで、農業者の能力向上はいかにあるべきか、考察を深めていきたい。とくに、イノベーティブな起業家精神を有するリーダー人材の育成は急務と考えられる。

　途上国の農業開発はいかにあるべきかについて、読者からの幅広い意見やコメントをいただきながら、相互に意見交換するプラットフォームの構築を願うところである。

　なお、本書はあくまで筆者の見解であり、勤務する（公益財団法人）日本財団を代表するものではないことをお断りしておく。

著者紹介

板垣啓四郎（いたがき　けいしろう）

1955年 鹿児島県生まれ
（公財）日本財団参与、東京農業大学名誉教授
専門は、農業開発経済学。博士（農業経済学）
主要な著作として、G.W.ノートンほか共著、板垣啓四郎訳『農業開発の経済学』（2012年、青山社）、日本国際地域開発学会編『国際地域開発の新たな展開』（2016年、筑波書房）、東京農業大学国際農業開発学科編『国際農業開発入門』（2017年、筑波書房）などがある。

途上国農業開発論

2023年2月12日　第1版第1刷発行

著　者　　板垣 啓四郎
発行者　　鶴見 治彦
発行所　　筑波書房
　　　　　東京都新宿区神楽坂2－16－5
　　　　　〒162－0825
　　　　　電話03（3267）8599
　　　　　郵便振替00150－3－39715
　　　　　http://www.tsukuba-shobo.co.jp

定価は表紙に示してあります

印刷／製本　平河工業社
© 2023 Printed in Japan
ISBN978-4-8119-0641-6 C3061